走出情绪的死胡同

[美]肯·林德纳——著 钱峰——译

Your Killer Emotions

民主与建设出版社
·北京·

© 民主与建设出版社，2024

图书在版编目（CIP）数据

走出情绪的死胡同 /（美）肯·林德纳著；钱峰译. -- 北京：民主与建设出版社，2024.2
书名原文：Your Killer Emotions
ISBN 978-7-5139-4512-7

Ⅰ.①走… Ⅱ.①肯… ②钱… Ⅲ.①心理学–通俗读物 Ⅳ.①B84

中国国家版本馆 CIP 数据核字 (2024) 第 052564 号

YOUR KILLER EMOTIONS By KEN LINDNER
Copyright: © 2013 BY KEN LINDNER
This edition arranged with Greenleaf Book Group
Through BIG APPLE AGENCY, INC., LABUAN, MALAYSIA.
Simplified Chinese edition copyright:
2024 BEIJING MEDIATIME BOOKS CO., LTD.
All rights reserved.
著作权合同登记号 图字：01-2024-1101

走出情绪的死胡同
ZOUCHU QINGXU DE SIHUTONG

著　　者	［美］肯·林德纳	
译　　者	钱　峰	
责任编辑	郭丽芳　周　艺	
封面设计	末末美书	
出版发行	民主与建设出版社有限责任公司	
电　　话	（010）59417747　59419778	
社　　址	北京市海淀区西三环中路 10 号望海楼 E 座 7 层	
邮　　编	100142	
印　　刷	唐山富达印务有限公司	
版　　次	2024 年 2 月第 1 版	
印　　次	2024 年 4 月第 1 次印刷	
开　　本	880 毫米 ×1230 毫米　1/32	
印　　张	7	
字　　数	200 千字	
书　　号	ISBN 978-7-5139-4512-7	
定　　价	55.00 元	

注：如有印、装质量问题，请与出版社联系。

《自序

　　当我还在哈佛大学读书时，发现身边很多人在做着可怕的甚至是自我毁灭的蠢事。看着他们一步一步地亲手毁掉了自己，毁掉了原本拥有美好前程的机会，我甚为惊讶和惋惜。这真是天大的讽刺。这些事也让我发现：一个高智商或天赋异禀的人，并不一定能真正控制自己的内在能量。有时甚至完全相反，他们会完全被自己的负面能量驾驭。

　　回想一下，你的判断力是否也曾被愤怒、孤独、憎恨、不安、嫉妒或绝望等情感所左右，然后做出一些令人失望或有害的人生选择？如

走出情绪的死胡同
ZOU CHU QING XU DE SI HU TONG

果你的回答是："嗯，是的，这种情况在我的生活中已经出现太多次了。"那么你是否想过，究竟是什么原因扰乱了你的生活？

我想说的是，你的情绪、欲望和冲动，都是极其强大的能量。如果你驾驭了这些能量，你就能很容易实现你的人生目标，而一旦你被这些能量驾驭，它们便会成为一些负面能量，变成摧毁你人生的隐形杀手。它们可能让你不能按时完成规划，摧毁你的梦想，让你不能过上梦寐以求的生活。潜在的负面能量会引发自卑感，让你质疑自我。最可怕的是，它们能摧毁你的精神和正能量。毋庸置疑，这些负面能量都是极为有害的东西。

那些在旁人看来十分愚蠢的行为，都来自你体内潜在的负面情绪、欲望和冲动带来的能量电荷的刺激和催化。这些能量电荷过于强大，让你完全无法思考，不能做出理智的判断，因而导致了错误的行为。结果就是，你的时间和精力都用来安抚这种强烈的冲动和欲望，反而无暇去积极生活了。你的行为并不是理性判断和深思熟虑的结果，因为你并没有考虑你到底想要过什么样的生活。相反，你在情绪的控制下做出了一个完全背离你原本想法的选择。

自序

你在头脑清醒时是不会这样做的。事后,经过一番回顾,你意识到你又一次偏离了人生目标和梦想,同时也伤害了自己的身体、心理、情感和精神健康。自己认为"对"的事情却无法做到,这可能会极大地挫伤你追求和享受优质生活的自尊心和自信心。

在过去的30年里,我给上万人做了关于"人生和事业最重要的选择"方面的心理咨询。他们几乎都有一个共同点:都曾被负面情绪、冲动和欲望干扰,无法做出理智清晰的判断,继而做出了心不由主、伤人害己的错误决定。

虽然有时我们不会因为做出不明智的决定而付出代价,但是很多时候我们会因为这些决定而丧失重要的目标,让自己和所爱的人受到严重的伤害。因为负面情绪总是会在关键时刻失控,那一刻,我们的大脑已经接近愚蠢了。

那么,我们该如何在关键时刻驾驭心中的负面能量?我的回答是:让情绪流过。这里的"让情绪流过",并不是让你一味地自我压抑,自我压抑是不对的。我要说的是,面对汹涌来袭的负面能量,你需要给自己时间,巧妙地将负面能量瞬间转化为正能量。

走出情绪的死胡同
ZOU CHU QING XU DE SI HU TONG

现在你手上的这本书,是我 30 年研究的结晶,所讲的就是如何在关键时刻,驾驭自己的情绪和欲望,把它们转化为你前进的助力。要做到这一点,首先要学会如何准确地识别你独特的"情感触发器"。稍后我们会了解到这些触发器的作用有多大,启动它们,你的情绪、欲望和冲动所承载的能量电荷,都将被它们所制服、减弱,甚至消除。这样一来,你就能从负面情绪的束缚中挣脱出来,以长远的眼光审视自己想要的生活,做出明智的人生选择,并为此努力奋斗。

如果你已经厌倦了后悔的感觉,你再也不想在关键时刻前功尽弃,再也不想做因小失大的笨事情,再也不想被别人看作傻瓜或者幼稚的人,再也不想在"截止期限"的大道上狂奔,那么请走进这本书,它将给你带来意想不到的收获。

CONTENTS >>> 目录

第一章 你将拥有无穷的能量

1 是谁偷走了你的能量 _ 003
2 出现负能量怎么办 _ 015
3 什么是驾驭能量的时间轴 _ 019
4 驾驭能量前要做的心理准备 _ 021

第二章 驾驭能量七步法

1 识别你心中神秘而强大的"情感触发器" _ 025
2 人生的选择需要预测 _ 053

3　你的未来需要设想　_ 073

4　不再为相同的事情失控　_ 097

5　为自己制定一份神奇的备忘录　_ 149

6　轻松做出有价值的选择或决定　_ 171

7　我们为什么需要回顾人生　_ 182

第三章　走出情绪的死胡同

1　保养你的"情感触发器"　_ 191

2　关键时刻谨防犯错　_ 197

3　快速设想和快速规划的力量　_ 204

4　情绪词汇备忘录　_ 212

第一章
你将拥有无穷的能量

◇ 是谁偷走了你的能量
◇ 出现负能量怎么办
◇ 什么是驾驭能量的时间轴
◇ 驾驭能量前要做的心理准备

很多人曾问我：关键时刻让我们失控的是什么？我的答案是：能量。

我想请你回忆一下，当你被某人或某事激怒时，你的身体是否会感受到肾上腺素激增的兴奋感？当你恋爱时，你是否会有那种飘飘欲仙、充满无限动力的感觉？当你得到梦寐以求的东西时，你是否会有异常兴奋的感觉？如果有，为什么？因为这些情绪来袭的瞬间，激发了你生理上非常激烈的能量电荷，从而形成你生理上相应的感受。我把这种情绪称为"生理情绪"，只不过我们通常会从理性的角度来看待这种情绪，很少会把它视为一种起催化作用的力量，更加不会把这种力量当作一种强烈的能量电荷。潜在的负面情绪引发的能量电荷与允许这些能量随意发泄完全是两码事。

1
是谁偷走了你的能量

　　我们要想做出对我们最为有利的人生选择，仅靠思考是不够的，因为我们经常会受到人、事、思想或者某些情况的潜在影响而产生负面情绪。这个时候，理性的能量和感性的能量就会发生碰撞，碰到这种情况，我们通常都会无能为力，只能任由这些负面情绪和欲望冲昏我们的头脑，击垮我们的理智，最终做出错误的选择。

人体内的能量，有些是正面的，可以给你愉悦、上进的念头，而有些却是负面的，会让你生出沮丧、退缩，甚至毁灭的念头。

这些能量是巨大的，它们不会凭空消失，只能被转化。它们无所谓好坏，关键在于你如何驾驭它们。当然，对能量运作的研究是复杂的，我为此耗费了十几年的心血，这里我只介绍几个基本概念，因为这对于帮助大家驾驭自己的能量已经足够了。这就好像你们只需要喝牛奶，而无须去研究怎样才能生产出这样的牛奶，不是吗？

第一个基本概念是"理性的能量"和"感性的能量"。理性的能量，是指我们的才智，即我们的见识或我们脑中的思想。感性的能量，指的是我们的感受，即我们通常所说的情绪、欲望、冲动等。

没错，当你做选择时，这两种能量很可能水火不容。然而你会发现，你的才智和情绪其实是可以合作的，它们能助你实现最渴望实现的目标，过上梦想中的生活，体验掌控自己情绪时的那种全身充满活力的感觉。这种和谐的通力合作便是你追

第一章
你将拥有无穷的能量

求的目标。

第二个基本概念是"能量的流动"。很显然,我们要想做出对我们最为有利的人生选择,仅靠思考是不够的,因为我们经常会受到人、事、思想或者某些情况的潜在影响而产生负面情绪。这个时候,理性的能量和感性的能量就会发生碰撞,碰到这种情况,我们通常都会无能为力,只能任由这些负面情绪和欲望冲昏我们的头脑,击垮我们的理智,最终做出错误的选择。

一个名叫比尔的人曾向我寻求帮助。他是一个非常有天分的人,对自己的工作具有远见卓识。然而,他有些情绪控制方面的问题,也曾因为情绪失控遭受了不少挫折。尽管比尔在工作中有过不少成绩,但是一旦有什么事情触动了他的"情绪按钮",他便会变得异常暴躁,对同事大发脾气。下面是发生在他身上的一则小故事。

比尔的老板非常欣赏他过人的天分,即使知道他经常在工作中大发脾气,也不过睁一只眼闭一只眼。但有一天比尔又发脾气了,这次发脾气的对象是一位德高望重的同事。他面目狰狞、满腔愤怒地用极其刻薄的话指责这位同事。这位同事当场表示,如果公司不解雇比尔,他就辞职不干了。鉴于比尔之

前的种种行为已经引起周围同事极大的不满，老板不得不解雇比尔。

在这个案例中我们不难发现，尽管比尔有异于常人的天分并且也十分热爱自己的工作，但是一旦有什么人或事触碰到他敏感的神经，他就完全无法控制自己的情绪。很不幸，不到一年，比尔又丢掉了第二份工作，失业的原因跟上次一样：他经常性地勃然大怒。

很明显，这个案例给我们展示了一个人被愤怒的情绪控制，从而丧失理智判断的过程。比尔在原来的公司里因勃然大怒已经被指责过无数次。每次与人力资源部门的人交谈时，比尔总说自己非常明白不应该把气撒在同事身上。他知道这样不停地乱发脾气肯定会影响到自己的职业前景，甚至还会造成失业。比尔最后一次与人力资源部门负责人谈话时，曾无比悔恨地对负责人和公司总裁说他已经想通了（在一次次乱发脾气之后），承诺以后任何人或事让他生气时，他都会"理智"地处理。随后他又非常诚恳地表示，他非常珍惜在这样一个享有盛誉的公司工作的机会，也非常感激他们能给自己继续在这里追寻职业理想的机会。他不断地说他已经知道该怎么做了，他再也不会发脾气了，再也不会贬低和辱骂同事了。

公司领导听着比尔的忏悔，觉得他似乎真的认识到了他过去

第一章
你将拥有无穷的能量

犯下的错误,也明白他将来应该怎么正确处理类似的问题,于是决定给他最后一次表现的机会。但是,一周之后,这个珍贵的机会就被他毁掉了——就是他对公司德高望重的同事恶语相向的那一次。

之后比尔花了近两年的时间找工作。工作要求比先前降低了许多,也不敢申请名气大的好公司,然而他还是一无所获。从那以后,比尔不得不忍受痛苦和悔恨,继续挣扎着寻找工作。他不得不放弃原本既适合又钟爱的工作领域,转而去接受那些薪资较低的其他行业的职位。

比尔知道自己错在哪里,也知道需要好好控制自己的情绪。但是,一旦他那郁积已久的愤怒情绪触发了他体内的高压能量电荷,这些电荷就会让他做出害人害己的行为。此时他之前种种理智的思考早已被抛到九霄云外了。在这种情况下,愤怒的情绪以及由此产生的强大能量电荷极为有害,它们不但扭曲了比尔原本良好的动机和理智的判断,而且还刺激他做出伤害自己的行为。

几年前我加入了东部青少年戴维斯杯网球队,当时有位名叫克里斯的队友,他在一场非常关键的比赛中表现得无精打采,眼看就要被对手打败。

但很快事情就发生了转机。赛场上出现了非常有趣的一幕，他的对手蒂姆声称克里斯发的球不在发球线以内，尽管那个明显是在线内发的球。更糟糕的是，蒂姆故意将一局得分记错，自己又发了一次球，因此克里斯丧失了一次发球的机会。结果，原本应该是4∶2的得分变成了5∶1。我们都认为蒂姆在作弊，包括克里斯在内。

大家都知道不要惹是生非。但是蒂姆惹怒了克里斯，这种愤怒让克里斯从无精打采的状态中清醒过来，让他全身充满能量，最终赢得了比赛。

从克里斯这个案例来看，愤怒成了一种有利的、积极的情绪。克里斯的愤怒带来了蕴含巨大效能的能量电荷，这种能量电荷激励并促使他在比赛过程中全身心投入，最终打败了点燃他怒火的蒂姆。

在这两个案例中，同样都是由愤怒引发的能量电荷却导致了两种截然不同的表现方式。在比尔的案例中，这种能量电荷导致他将正确的选择和合理的举动抛到九霄云外。相比之下，克里斯将愤怒情绪转化为激情与动力，令他充满斗志，最终促使他做出积极的举动。

从这些案例中我们深刻了解到，情绪本身是无所谓好坏，由

第一章
你将拥有无穷的能量

情绪引发的能量电荷所导致的行为才有利害之分。因此，能否利用情绪以及它所引发的能量电荷，决定了你是否会做出正确的人生选择。

现在我们来着重谈谈"爱"的感觉。很多情况下，爱能启发并激励人们努力做出正确而有益的事情。比如，爱能让人们更加为他人着想，对他人更富有同情心，激励人们投身慈善事业或者做个更好的人——这些都是由情绪引发的能量电荷的完美表达。但是，有时候，爱的表达也会给人带来伤害。

我认识一个名叫贝斯的善良女孩儿。她感情充沛，而且从不吝啬表达。但问题是，有时候贝斯感受过多又急于将这些感受与他人分享，所以总爱不分场合、不择时机地随意表达。有一次贝斯去参加朋友给她安排的约会，约会的对象是个名叫肯特的男孩子。肯特刚和谈了多年的女朋友分手，他心里还没有放下这段感情。跟贝斯的这次见面是他分手后的第一次约会。约会前，朋友就明确地告诉贝斯，肯特还没有从与前女友分手的打击中完全恢复过来，他期待的是一次轻松愉快的约会。

问题来了，贝斯说她好几年都没有碰到过像肯特这样跟她如此志趣相投的男人了。在贝斯看来，肯特英俊、风趣又绅士。才约会了三次，贝斯就感觉自己深深地爱上了肯特。贝斯最终不顾朋友的劝告向肯特表明了心意，然而这时肯特最不想听到的就是贝斯对他的感情，他还没有准备好进入下一段恋情，他还需要时间。尽管贝斯心存好意，但她的表白却让肯特倍感压抑。肯特越是退缩，贝斯就越想尽快融入他的生活，打开他的心扉。最终，肯特觉得必须跟贝斯好好谈谈，告诉贝斯他们暂时不要见面了，因为他刚分手不久，还没准备好再次进入一段新的恋情。

我很理解肯特。大约过了一年，肯特和我说如果他早几年遇到像贝斯这样一个热心、可爱又美丽的女孩，他肯定不会拒绝跟她谈一场恋爱。他顿了顿又说："我们遇见的时机不合适，真是太糟糕了！"

从这个案例中我们了解到，美好的情感带来的能量电荷不一定会让人做出明智的选择，相反却让人做出了错误的选择。

这是个引人深思的问题：尽管贝斯十分清楚肯特以往的感情经历和现在的想法（他刚跟前女友分手，痛苦地结束了一段他并不希望结束的恋情，他现在跟贝斯约会，需要的是时间和自由），却仍然急于表达自己对肯特的爱或者急于减轻自己的孤独感，这种情感引发的势不可当的能量电荷彻底冲垮了贝斯的理性判断。让她做了一件在头脑清醒情况下绝不会做的事儿：本来想靠近，

第一章
你将拥有无穷的能量

结果却用爱把深深吸引自己的人推开了。

我这里还有一个故事,我给它取名为"管好你自己的事"。故事的主角汤姆是一个5岁的一年级学生。有一次他参加体育课上的垒球比赛,比赛异常激烈,两队平分秋色,难分伯仲。眼看比赛就要结束了,汤姆所在的一方准备上场击球。队员们在第一垒和第二垒准备就绪,另一位队员在场外候场。汤姆在上场之前突然想撒尿,虽然这是最后一局,但是他实在憋不住了。问题来了,汤姆并不想离开赛场,因为他知道他极有可能击球成功,为他的小组赢得比赛的胜利。

过了一会儿,他发现他的队友还在击球位置上紧握球棒,他内心的矛盾升级了:去撒尿还是留下来比赛?情况危急啊!

很快,汤姆想撒尿的欲望更加强烈了,他不得不站在原地夹紧双腿。显然,他选择了留在原地并等待击球时刻的到来。

不一会儿,汤姆的队友三振出局了。终于轮到汤姆上场了。当球径直飞向汤姆的时候,他张开双腿去击打飞来的球。但不幸的是,他没能憋住,他感觉到一股暖流从大腿根部一直流到脚底。更尴尬的是,汤姆当天穿的是浅色的运动裤,裤子上的尿痕清晰可见。

汤姆感到无比羞耻,他的自尊心受到了严重的打击。他哭着

离开球场,在同学们的指指点点和不断大笑中跑进了厕所。汤姆说,从此以后他一想到自己在同学面前尿裤子,就会不顾一切地跑进厕所躲起来。

汤姆的故事再一次向我们展示了我们认为的"正面情绪"——集体荣誉感,是如何使我们做出不利的人生选择的。这个故事同样告诉我们,情绪本身是客观存在的,它对我们有利还是有害,是由其诱发的行为决定的。

让我们回顾并再次强调以下几点内容:

1. 情绪是客观存在的。事情的利弊,是由情绪引发的能量电荷导致的行为决定的。

2. 情绪的表达可能导致积极的结果,也可能导致消极的结果。

这一点我们从之前谈到的比尔的案例中可以看出。问题不在于比尔在工作中为何感到愤怒,而是他无法控制情绪。因此,一定要将这个道理铭记于心:潜在的负面情绪引发的能量电荷与允许这些能量随意发泄完全是两码事。

我们再来仔细回想一下之前讨论过的女孩贝斯,她感觉自己与肯特之间有种难以言喻的亲近感,如果她能适当控制自己强烈

第一章
你将拥有无穷的能量

的爱意，给肯特时间和自由去慢慢接受她，他们两个也许还能在一起。摧毁他们感情的是贝斯无法自控的情感表达。

在后文的讲述中你会发现并体验到，通过有意识地消除潜在的负面情绪及其引发的能量电荷的影响，你能抑制并掌控这些情绪。如此一来，你就不会以错误的方式将它们表达出来了。

在某些情况下，某种感受或者冲动的表达可能是有害的，但是换个情景，结果可能就不一样了。因此，你一定要时刻注意分辨表达情绪、感受、冲动或者欲望的时间和地点，使它们对你产生有利的影响。比如，如果贝斯等待一个合适的时间向肯特表达自己强烈的爱意，她可能会得到积极的回应，而不是像现在这样遭到拒绝。

一旦发觉自己被情绪控制，务必注意保持高度警觉，谨言慎行。这样你才能清晰理智地思考、判断、分析整件事情。

重点提示

1. 情绪是客观存在的——真正影响你的是特定的情绪以及在其引发的能量电荷影响下所做出的选择或者行为。这样的行为和选择可能是有利的，让你的生活变得更加美好；也可能是有害的，

对自己和他人都产生恶性影响。

2.一般情况下，对你造成伤害的，是不假思索或者无法控制的情绪表达。

2
出现负能量怎么办

　　现在，我们来讨论一下负面能量的含义，即我们所说的情绪、感受、欲望、冲动、强迫症以及其他感觉是什么意思。情绪包括爱、生气、憎恨、嫉妒、愤怒、冷漠、焦虑、绝望、不安等。欲望则更多是一种生理需求，比如对性、食物、触摸的需求。但像吸烟、喝酒等行为，既有情感的根源也有生理的因素。对这些东西的沉迷可能是因为大脑受到精神活性物质（比如影响大脑的化学物质）的影响后，原本平衡的化学物质遭到了暂时性改变。另外，人们也会对工作、锻炼等活动产生心理依赖或追求。

有人可能会问："那情绪、欲望、冲动、强迫症有什么区别呢？"或者"感受、需求或欲望重复多少次后才会变成一种强迫症或上瘾呢？"想要给感受、情绪、冲动、欲望和强迫症之类的名词定义或将它们加以区分，确实是不小的挑战。下面我用一则故事来阐述它们之间模糊的区别和不同的定义。

几年前，我跟一位名叫布兰登的中年男子有过一番交谈。他当时已经 45 岁了，看起来很潇洒，思维也非常清晰。他说他需要学会更好地处理感情问题。他告诉我他已经离过两次婚了，后来也谈过不少恋爱，但都以失败而告终。他告诉我，他曾反复寻找感情失败的原因，他"十分明白"为什么所有的恋爱都无疾而终。他说每次与对方感情稳定后，他总喜欢在和女友发生性行为时观看色情电影。一旦开始这样，以后的每次做爱都必须在播放一段激情四射的电影后才能进行下去。

从布兰登的描述中我了解到他曾经非常迷恋一位女士，以至于他极其渴望能在做爱时幻想一下，感受一下额外的刺激——色

第一章
你将拥有无穷的能量

情片。他非常清楚，这种行为正是女人一再离他而去的根本原因。但是，就像钟表的发条不停行走一样，他完全无法控制自己。在某种层面上，不管他多想严肃认真地对待那份感情，一旦那种想要看着色情电影做爱的冲动出现，他就会完全失去理智，彻底失控。所以，每次美好的感情都不可避免地以失败而告终。

稍后我会讲述我是如何帮助布兰登掌控自己的情绪、冲动以及由其引发的能量电荷。现在我们先看两个问题：

1. 布兰登损己的行为是由欲望、情绪、冲动、感受还是强迫症导致的呢？

2. 这种不断想要满足欲望的需求或冲动是何时成为一种"瘾"的？

要深入探讨这些问题需要研究大量的书籍和文献，这项研究和讨论是学术性的，这是我的工作。你在此只需要学到一些方法，它们将助你掌控所有的情绪、欲望、冲动和感觉，以及由它们引发的能量电荷——不论我们将如何定义它们。除此之外，不论我们是否将情绪、欲望、冲动和感受视为一系列类似于或等同于自我损害的选择并依照某种模式表现出来，或者因此而上瘾，你都能在做出人生选择时运用自己最明智、最清晰的判断力。

谈论进行到后面，我将会用"能量电荷"这一专业名词来指代你的情绪、感受、欲望、冲动和强迫症引发的能量。此外，很多时候我们将只用"情绪"一词来代替它们。

重点提示

1.为了便于理解，我们将情绪、感受、欲望、冲动、强迫症这些专业名词归为一类。本书将教会你如何掌控它们。

2.我们将使用"能量电荷"这一专业名词来指代你的情绪、感受、欲望、冲动和强迫症引发的能量。

3.很多时候，我们将只用"情绪"一词来指代情绪、感受、冲动、欲望和强迫症这几个名词。

3
什么是驾驭能量的时间轴

所谓心理上的时间轴,就是依据心理活动和时间把事件归类和排序,以最适合的形态展示出来。让时间和空间不再是我们的障碍,只需一条线,就能够回到从前。

驾驭能量的时间轴由三个特定的阶段组成。

第一阶段：防御式进攻模式。防御式进攻模式包括经实践检验过的四项预备措施。你在做出人生选择之前，得花上数天、数周，甚至数月的时间来学习这些措施。这是为了防止强烈的负面情绪影响和控制你今后做出的选择。

第二阶段：你在"紧要关头"时，必须掌握两种控制负面情绪能量电荷的方法。"紧要关头"是指你必须做出选择的那一刻。

第三阶段：你做出人生选择后需要用到的方法。这个方法将训练并提升你在控制情绪和做出选择方面的能力。

这七步法我们将在第二章详细介绍。

重点提示

以下是你驾驭能量的时间轴：

第一阶段	第二阶段	第三阶段
四步防止攻击法	两步紧要关头法	一步优化人生选择法
做出选择前的预备方法	做出选择时所采用的方法	做出选择后所使用的方法

4
驾驭能量前要做的心理准备

让自己的大脑预知即将发生的事情和结果,才能更容易控制意想不到的心理反应。

　　30年来我一直给他人提供心理咨询,从这些经历中我深深体会到人的成长必须是心理、情感和智力上的三重成长。很多已经成功掌控自己情绪的人告诉我:"在理智和情感方面,我已经能够自如地掌控。我已经非常清楚地知道自己想要什么,并且有足够的自律能力来实现这一切。"

　　我猜你读这本书肯定是有原因的:因为你已经厌倦了"事后后悔"这件事,你在理智和情感层面都已经准备好要做人生选择的掌控者,优化自己的物质和精神生活!

　　那么我们就快些开始吧,一起来看看"驾驭能量七步法"。请不要嫌它们枯燥,它们可是能够让你告别"后悔人生"的法宝!

第二章
驾驭能量七步法

◇ 识别你心中神秘而强大的"情感触发器"

◇ 人生的选择需要预测

◇ 你的未来需要设想

◇ 不再为相同的事情失控

◇ 为自己制定一份神奇的备忘录

◇ 轻松做出有价值的选择或决定

◇ 我们为什么需要回顾人生

在职业足球比赛中，当某一方快要获胜时，为了保证他们在比赛后期的领先地位，队员们通常会采用一种名为"防御式进攻"的战术。一般情况下，这种战术是为了不让对手获得可以影响比赛结果的分数。你若想要掌控自己的能量，就要使用这种"防御式进攻"的模式。这个策略可以助你在未来做人生选择时避免大的失误。

"防御式进攻"包括一系列预防措施。要掌握这些方法，你得在做出人生选择前，花上数天、数周，甚至数月的时间来学习它们。学习这些先发制人的战术是为了防止潜在的负面能量在未来某些关键时刻妨碍或者击垮你的理智和分辨能力，让你能够经过深思熟虑后站在理智的防御立场上。

"防御式进攻"模式通常分为四个步骤，即"驾驭能量七步法"的前四步。这四步非常重要，是对自己内在的一次深刻的洞察，是保证后三步顺利完成的基础。

完整的七步法是：

第一步：识别你心中神秘而强大的"情感触发器"

第二步：人生的选择需要预测

第三步：你的未来需要设想

第四步：不再为相同的事情失控

第五步：为自己制定一份神奇的备忘录

第六步：轻松做出有价值的选择或决定

第七步：我们为什么需要回顾人生

也许这一章有些枯燥，但为了告别"后悔的人生"，就请多拿出些耐性和时间吧，我们一起将这七步慢慢走完。

1
识别你心中神秘而强大的"情感触发器"

你的财富＋梦想＝情感触发器。因此,情感触发器是指能触发你内心最为强烈的情感能量电荷的一些特殊的人、事、物、经历、信息和愿望。你的情感触发器触及你内心深处最真切的情感,能够在理智和情感层面引起你的共鸣。它们是你最珍视的、给你最大动力的东西。

从三个真实的故事开始

几年前,我的车上安装了一部车载电话。我每天都要跟客户打几个小时的电话。持续使用几个月后,我发现,每次通话后我的脑袋就会剧烈地疼痛。或许是巧合,但每次通话时我总能感觉话筒那边传来一股力量(辐射),让我的耳朵感觉非常不适。

有一天,一个在某知名手机制造公司担任总经理的熟人不经意提到,他的公司担心使用者可能因长时间使用手机患上脑癌,所以花费了巨额资金给顾客上保险。

他的这番话让我的整个世界都崩塌了。第二天,我就去看了医生,让他医治我的头疼症。仔细检查一番后,他说:"一切看上去都挺正常的,但是以防万一,你还是去做个X光吧。"

我无法用语言形容当时我脑子里想到的开颅手术的画面。但可以确定的一点是,我被吓傻了!

几天后,我去X光科室拿检查报告。那天做脑部X光扫描时,我跟操作员聊得不错。看到我来了,为了平复我内心的极度不安,

第二章
驾驭能量七步法

他走过来对我说:"我只是想对你说,你没有什么大碍!但是相信我,手机这东西很害人的,尤其是那些车载电话!"

我如释重负,内心充满感激,但是想到我常年把自己置身于这样的危险之中还是心有余悸。于是我下定决心:从今天起,我再也不离手机那么近了!我要么戴耳机,要么打开手机的免提功能——尽可能减少手机对我的辐射。

从这个故事中我们了解到,我最强劲的"情感触发器"是我极其厌恶去医院。光是想想这种情景都让我毛骨悚然。因此,保持身体健康,永远不踏入医院半步是我最期待的事情。

我把我的情况归纳如下:

1. 在这个案例中我的情感触发器是:

（1）我对于因重病住院这件事感到极度恐惧。

（2）我对"患有脑癌"这种可能性感到极度恐惧。

（3）我对"要做脑部手术"这种可能性感到极度恐惧。

（4）我不想死。

（5）我想要健康长寿!

2. 这些极度强烈的情感能量触动了我内心深处的那根弦。

3. 这次经历使我改变了常常把手机放在耳边通话的习惯。

4. 从那天起这些情感触发器就激励着我做出"不再让自己暴

露于手机致癌的辐射中"这样的人生选择。可以看出,一种有益的行为改变出现了。

我母亲以前总是迟到。上学迟到、上班迟到、约会迟到、自己妹妹结婚迟到,甚至在自己的婚礼上也迟到。她从未为任何事而改变这种行为,直到她与我父亲结婚七周年纪念日的那天。当天晚上,母亲忘记了跟父亲的约会,她又迟到了。那天晚上下着雪,还刮着大风。他们原本计划好了一起吃完晚饭后去看一场百老汇的演出。母亲迟迟不来,父亲在餐厅外面等了两个多小时,边等边担心母亲是不是出了什么事。母亲赶到的时候餐厅已经关门了,父亲都快冻僵了,他非常生气。他们赶到剧院的时候被告知已经错过了最后一场演出。父亲当时很明智地抑制住了自己的愤怒,什么都没说。

第二天,父亲等心情稍微平静些后走进了母亲的化妆室。母亲正在化妆。"贝蒂,"父亲开口了,"我不知道怎么说……你的行为真是让我捉摸不透。如果你是因为笨呢,我倒是可以理解,也可以原谅你。但你是我认识的最聪明的人之一,平时也是个很不错的人。所以我要问问你:你怎么能这样对我?你怎么忍心让我在那么冷的夜里等你那么久?我根本无法接受。我真想让你知道我有多么伤心!你对我的所作所为我都不忍心拿去对付我的敌

第二章
驾驭能量七步法

人。你怎么能对我这样?你真是太刻薄了!"

说完后,父亲转身离开了房间。母亲完全傻了。她以前从没想到自己是这么刻薄、这么不替他人着想的一个人。对于母亲来说,"刻薄"这个词是触发她内心情感的按钮,她烦恼极了。一整天母亲都在思考为什么父亲说她刻薄竟让她如此烦恼。后来她恍然大悟。她想到了她的母亲。她十分厌恶她的母亲!她一出生就不受自己母亲的喜爱。她的童年是在肉体和心灵的双重摧残下度过的。她认为她的母亲是"刻薄女王",所以"刻薄"这个词才让她如此不安。她绝不想跟她的母亲一样,绝不!

刻薄以及与刻薄一词相关的所有不好的联想和含义是击碎母亲坏习惯的情感触发器。她绝不愿变成她所憎恶的母亲那样的人。打那天起,她下定决心再也不迟到了。从那以后,母亲真的再也没迟到过,而且每次都早到!

她说她每次与人有约时都会想到:如果迟到的话就会被人认为是刻薄。如此一来,她就实现了积极的行为改变。"被认为刻薄"作为一种情感触发器,它所带来的强大能量电荷激励着母亲按时为约会做好准备,以确保准时赴约。

我母亲受"不能被别人认为刻薄"这一想法的激励,有意识地改变了自己的行为,由一个经常迟到的人变成一个准时赴约的人。受父亲言语的刺激后,她内心的强烈情感促使她打破了原本极为恶劣的行为模式,最终她的梦想(做一个善良、细心的人)成为现实。问题解决的关键点在于父亲对她说的话充满了情感电荷,这种强烈的情感电荷促使母亲改变了经常迟到的习惯。

请注意本故事中的4个关键点:

1. 母亲意识到她的情感触发器是她厌恶成为他人眼中"刻薄"的人。

2. 她利用这种强烈的情感触发器激励自己努力做到再也不迟到。母亲"不要对他人刻薄"的情感触发器就像效力威猛的炸药,炸毁了她"爱迟到"这个让人头疼的"顽疾"。

3. 母亲原本伤人害己的行为模式被打破了,她做出了"准时赴约,不让他人等待"的有益的人生选择。

4. 母亲做出了极为有益的行为上的改变。

卡利萨是一家公司的高管。离婚后,她的3个孩子都跟着她一起生活。两年后她嫁给了达尔。达尔与跟前妻生的4个孩子一起生活。

很显然,刚开始的时候,他们的婚姻非常不和谐。达尔以对7个孩子不管不顾来表示自己的不满。于是卡利萨成了家里唯一一个养家糊口的人,跟单身母亲没什么差别。卡利萨因此感到

第二章
驾驭能量七步法

压力巨大。在嫁给达尔之前，卡利萨才 120 斤，婚后，她的体重飙升到 200 斤。体重的剧增给她带来了各种麻烦。不论是作为一名公司的员工还是作为一位需要跟孩子们互动的家长，卡利萨的体重都成为一个大问题。

一年多来，卡利萨都在试图减肥，但就是不见效。突然有一天，她看到自己 7 岁的儿子布拉德利眼里噙着泪水，跑到她的身边。她赶忙让儿子坐下，问他发生了什么事。布拉德利脸颊上满是泪水，哭着说："妈妈，我不想你死掉，你不能死！"卡利萨被儿子的话吓到了，她知道儿子一定是受到了什么刺激，于是赶紧问孩子："宝贝，你为什么觉得妈妈要死掉了？"布拉德利答道："因为你太重了！我害怕你会突发心脏病，然后死掉。爸爸又不在身边，我只有你一个亲人了！求求你别离开我，妈妈，求你了！"

卡利萨说布拉德利的眼泪深深地刺痛了她，她下定决心减肥，结果两年内她瘦了 80 多斤。这个事例再次证明情感触发器能够触发人体内强烈的能量电荷，这些能量电荷能够将情绪、心理以及理智上的负面想法或习惯彻底打破并激励他们做出有利的人生选择。

从这个故事中我们还得到另一个极为重要的启发：在后两个

走出情绪的死胡同

故事中,我的父亲(有意的)和布拉德利(无意的)分别触动了我的母亲和卡利萨强有力的情感触发器。这些情感触发器使她们打破了原本有害的行为模式,助她们做出了有利的人生选择。你要做的就是准确识别并且利用你的情感触发器带来的正能量电荷。让这些正能量电荷为你所用,使你在关键时刻能控制并消除负能量电荷。一旦你打破了这种有害的行为模式,你就能理智地思考并做出正确的人生选择。

既然"情感触发器"如此神奇,那么,它的具体含义到底是什么?为了更好地理解,我用一个公式来解释"情感触发器":

你的财富+梦想=情感触发器。

因此,情感触发器是指能触发你内心最为强烈的情感能量电荷的一些特殊的人、事、物、经历、信息和愿望。你的情感触发器触及你内心深处最真切的情感,能够在理智和情感层面引起你的共鸣。它们是你最珍视的、给你最大动力的东西。你的情感触发器所带来的强大的能量电荷,可以帮助你实现个人的转变,上面的三个案例就是很好的证明。

第二章
驾驭能量七步法

了解你的财富和梦想

我经常听到人们说出这样的话:"人这一生中,知道自己不想要什么跟知道自己想要什么同等重要。"你将发现,你想要的与不想要的、你珍视的与厌弃的组成了你的财富和梦想。它们能产生助你一臂之力的高效正能量电荷。在你开始学会驾驭能量时,不管是你想要的还是不想要的、你珍视的还是厌弃的,对你来说都无比珍贵。接下来我们进入基础建设的下一阶段。你要明白,如果做出反映你内心真实需求的人生选择,或者成为你想要成为的人是你的人生目标,那么你就必须花费足够的时间来识别:

1. 你最珍视、最想要的是什么?
2. 生活中什么东西是你绝不想要的?
3. 什么东西能让你实现真正的内心平和与快乐?

找出以上3个问题的答案非常重要,因为:

1. 只有当你知道你生活中真正想要什么(做出正确的人生选择的认知需求),你才能做出符合这些需求的选择。重要的是,当我们能够预见某些事情的结局时，它们通常也更容易实现。

2.很多时候，在面临人生选择时，你的理智会被强烈的负面情绪带来的负面能量电荷所影响。你很快会发现你珍视的人、事、物所带来的积极的正能量电荷，以及你厌恶或害怕的人、事、物带来的负能量电荷都能助你制服会让你做出错误选择的能量电荷，它们是你做出有价值且诚实的人生选择的情感因素。换句话说，如果你能识别最能激励你的人、事、物以及思想，这些激发性的能量将助你做出符合你人生目标的选择。

相信你肯定有过特别想要得到的东西，比如一辆自行车、一辆汽车、一个假期、一件拉风的衣服、一栋新房子等。为了得到它，你理智地分配手中有限的资源，等存够了钱才去购买你渴望已久的东西。在这种情况下，你得到最想要的东西的渴望引发了强烈的能量电荷。这些能量电荷让你在花钱方面精打细算，因为这样你才能存到足够的钱去购买你想要得到的东西。

但是你该拿那些你最鄙夷、害怕或是厌恶的东西怎么办呢？正如我们之前所说的，你今后也会发现，这些东西也是你的财富。它们也能产生激励你的能量电荷。这些能量电荷将促使你最终做出正确的人生选择。比如，几年前我观看了一位传奇运动员的访谈。采访中主持人问该运动员："是什么让你稳坐常胜将军的宝座?"我至今还清楚地记得他那让我吃惊不已的回答。这位受人敬仰的运动员答道:"是恐惧让我胜利。每当我走上球场的时候,我总害怕失败,所以我才会拼命争取胜利。"

这位成功的运动员内心强烈的恐惧感——害怕失败,使其产生了极其强烈的激励自身的能量电荷。这些电荷促使他运用自己的天赋实现了卓绝的目标,达到了事业的巅峰。

正如我的母亲因为无法忍受并且害怕变成像她母亲那样的人,而去刻意改变经常迟到的习惯一样,这位运动员也利用那些由恐惧引发的强大的能量电荷,将恐惧情绪变成了自己的盟友。你也能利用那些因无法忍受、害怕、鄙视、憎恶的人、事、物而产生的激励你的能量电荷,助你做出积极的选择。

那么你该如何着手实现这一切呢?现在让我们继续挖掘你身上最纯粹、最具效力的财富和梦想。你要集中精力,花费足够的时间去用心挖掘你内心深处最惧怕、最厌恶、最引以为耻的人、事、物。毋庸置疑的是,思考这些问题需要时间,也需要你服从内心的感受。请将这一点牢记于心:如果你能挖掘自己身上最纯粹的财富和梦想(你的个人情感触发器),你就已经朝实现梦想人生、成为自己想要成为的人的道路迈进了一步。这些都是你花费大量时间耐心地挖掘自己身上的财富和梦想的补偿。事实证明你在这方面所花费的时间是非常值得的!

在个人探索挖掘之旅中,你可以问自己以下问题:

我真正想要的是什么?

我特别想要的是什么?

我不希望什么样的人出现在我的生活里?

短期内我最想实现的目标是什么?

长远来看我最想实现的目标是什么?

我最想成为什么样的人?

我最想过什么样的生活?

为提升自我,我希望自己做哪方面的改变?

我最喜欢并且最不愿意改变自己的哪种优点?

我最珍视的东西是什么?

我最惧怕的东西是什么?

我最厌恶的东西是什么?

我最不想哪种东西出现在我的生活中?

什么让我倍感羞愧?

我最讨厌并想消除自己身上的哪些缺点?

我最想得到他人身上的哪种才能、天赋或成就?

如果我能许下三个心愿,我会许什么?

什么最让我感动?

第二章
驾驭能量七步法

如果能重新来过，我最想改变的事情是什么？
我做过哪些让我后悔万分、渴望重新来过的错事？
哪些事情能给我带来最大的快乐？
什么事情最让我生气？
什么事情最让我难过？
什么事情能让我内心感到平静和满足？

认真思考以上问题后，你可以尝试列出两份清单：第一份清单应该包括生活中你最想要得到的五样东西，写下让你为之怡然的东西；第二份清单应该包括你绝对不想出现在你生活中最厌恶的五样东西。

你初步的情感触发器清单可以按照以上规则来列出。

好了，现在轮到你列出清单了。为何要详尽地列出清单？理由至少有三：

1. 列清单可以让你更积极、更有效、更深入地参与到这个挖掘情感触发器十分重要的过程中来。

2. 当你在纸上写下或者在电脑里敲出这些内容时，你能更好地理解和吸收它们。如此一来，你挖掘到的"财富"才能给你留下深刻的印象。除此之外，你在列清单时会感觉自己好像真的朝着理

037

想迈进了一步。

3.未来你可以适时回顾并修改你的清单,让它们真实地反映你不断更新的财富和梦想。

好了,现在你可以开始列出自己的清单了。记得尽可能地深入挖掘你的财富和梦想,找出能助你做出有价值的人生选择的人、事、物和思想。

当你认真列出部分或者全部清单后,检查一下它们是否真实地反映了你内心的想法。因为效力源自真实。"检查真实性"的方法之一就是扪心自问你在挖掘内心想法和列出清单时是否做到了完全诚实。如果你因为某些原因而没有如实地写出自己内心的想法,财富的效力就会被削弱——它对应的能量电荷也会被削弱。如此一来,你之后所做的一切事情的效力都会大打折扣,受到负面影响。所以,保证真实性是至关重要的!

为此,我给你们提供了几个问题以帮助你们深入挖掘自己的财富。顺应内心的想法,鼓足勇气,带着你渴望过上梦想中的生活的极大热情问自己:

我的清单是否真实反映了诚实的自我,反映出了我最想要的东西?

第二章
驾驭能量七步法

有没有可能因为某种原因（比如害怕失败或者害怕成功）我没能识别出我最纯粹的财富？

我的回答是否真的诚实？

我的回答是否受到他人的影响或者我仅仅是为了迎合他人对我的期待而做出这样的回答？

带着诚实的态度仔细回顾清单之后，如果你需要修改你的答案或者更正答案的顺序以保证它们能真实反映出你的财富和梦想，那就大胆去改。

下一步你要做的就是设想，设想你所有的有价值且诚实的回答都成为现实。我列出了曾经咨询我的一些人的清单：

获得一枚奥运会金牌。

穿上我上周逛街时看到的那件性感的比基尼。

由于我的疏忽，我的孩子在公园被人绑架了。

我讨厌我的爸爸，我绝不要像他一样。

因为长期吸烟而患上肺癌，再也没有时间和精力看着我的孩子（或孙子）长大成人。

我还来不及和父亲（母亲）和好，我还来不及和他（她）度过一段美好的时光，我还没有告诉他（她）我有多么爱他（她）时，

走出情绪的死胡同

我的父亲（母亲）就去世了。

受上天恩惠，我有一个充满爱的家庭。

成为一个给他人带来人生启发的人，一个全力帮助他人的人。

建造市里最受欢迎的餐厅并成为它的主人。

做一个理智、干净、清醒的人。

消除郁积于心的愤怒和怨恨，学会宽容。

减肥，并学会接受甚至喜欢自己的外表。

买下我梦想中的房子。

吸烟时不再有被迫感。

……

列清单时，反复不停地在脑海中幻想并感受你的正面财富和梦想得以实现的那种美好的感觉……当你想象着自己成功地做出了有价值的人生选择时，你的脸上将绽放出动人的笑容，你的心和灵魂也会跟着欢快地跳动。

此外，当你在不断挖掘、评估，并不停添加新的内容到你的财富和梦想清单中时，记得永远把最激励你的情感触发器放在第一位。你的清单不断地改动，反映了你的价值体系的重要变化。说明随着深入的挖掘，你发现了新的梦想、新的目标，成为一个更有天分、更加机敏的情感触发器的发现者和评估者。

第二章
驾驭能量七步法

以上重要的步骤都将助你在做决定之时或其他关键时刻充分挖掘自身最强大的情感能量电荷并加以利用。这样你就能保持稳定状态，做出有价值且诚实的人生选择。

重点提示

1.拿出必要的时间去挖掘你的财富与梦想，酌情列出情感触发器清单并将你认为最重要的对未来的设想置于列表顶端。

2.以上步骤将助你识别最强大的个人情感触发器。因为源自个人情感触发器的能量电荷将激励你做出最有价值、最诚实的选择。

识别你的情感触发器

为了更好地阐明财富和梦想的挖掘过程，下面我将讲述一则关于我的朋友丹妮尔的故事。这是一则丹妮尔为了做出最有价值的人生选择而反复挖掘属于她的未来设想的故事。

丹妮尔是一位 47 岁的单身母亲。她的儿子帕特里克已经 15 岁了。2009 年年初，她和丈夫艾德分居了，主要原因是艾德让人讨厌的行为。艾德经常因心烦意乱而做出影响他人的举动，为此他已经失业5年多了。这5年多来，家庭的开销几乎都靠丹妮尔一个人的收入，她是一名房地产商。长此以往，家里的积蓄几乎都被消耗殆尽了。

丹妮尔非常聪明、能干。她总是充满斗志，在工作上游刃有余。和艾德分居后，丹妮尔扩大了房地产业务，起初的一年半里，她收入颇丰。但是自2010年来，经济变得不景气，房屋基本卖不出去。她的父亲要求她放弃房地产销售，去找份收入稳定的工作。

后来，我去探望丹妮尔的时候她对我说："肯，我非常惶恐，非常害怕！我的积蓄几乎花掉一半了，房子却一间也卖不出去。我的父亲极力劝说我放弃房地产行业。但我得为我儿子的将来做打算啊。除了我，没人会替他付学费。我父亲想让我去其他公司找份无聊的工作。我第一次感到这么害怕，我真的非常惶恐。我觉得自己好像是被强迫着做决定，我现在根本无法清醒地思考。我的父亲给他的一些朋友打了几通电话，想让他们帮我找份工作。我下周就要跟他们见面了。但是我知道我讨厌这样的工作！我的房地产事业是我辛辛苦苦打拼出来的，我不想放弃。你是做决策方面的大师，我该怎么做？"

我当时是这么回复她的："现在让我们放松一下，谨慎并理智地思考一下这个问题。很多时候,当你被恐惧和担忧控制时,你身上总会发生下列两种情况之一:你被恐惧牢牢钳制住,无法理性地思考或行动,或者你不经过理智思考就仓促地做出不明智的举动。但是我相信你不会这样。现在你来回答我几个问题,我相信你很快就能厘清头绪。我猜你现在想要的是继续经营你的房地产生意,并以此来养家糊口(她的情感触发器),对吗?"

"当然!这就是我想要的!"

"好。你现在已经明白了我说的'你第二纯粹的财富'。很显然,你最为纯粹的财富是你能够有足够的资金来养活你和你的儿子。"

接着丹妮尔告诉我如果她没有能力保证她的儿子得到好的照顾,她不敢冒险继续待在房地产业。

我又问她:"那么经过理智的判断和思考后你觉得你未来是否有可能在房地产业取得大的发展,保证你跟儿子过上衣食无忧的生活呢?"

"我不这么认为。"她难过地回答道。

"你对这个重要信息的了解已经成为你的财富!丹妮尔,我们继续,告诉我你对哪些职业充满热情。"

"我很热爱房地产业。但是你知道,因为我父亲的缘故,我其实是从广播电视产业起家的。我也热爱这个行业。但是当儿子出生后,我得顾家了,所以我离开了广播电视产业。这都是15年前的事了,已经很久了。"

"很好。你现在又发掘了另外一项财富。你喜欢从事广播电视产业。太棒了!你最喜欢这个行业的哪些方面呢?"

"销售。向全国各地的地方电台经理推销节目。我喜欢跟节目创始人以及赋予它们活力的制片人打交道。我尤其喜欢到全国各地去跟当地的电视台经理们会面,说服他们买下我们的节目版权。我总能想出推销的新招数。比起对节目的喜爱,我更享受跟聪明有趣的人在一起的感觉。"

丹妮尔在回答最后一个问题时,我仿佛看到她周身被热情和活力点燃了。

我接着说:"很好!告诉我你为什么这么热爱房地产业。"

"我喜欢跟人打交道。我喜欢看房子、买卖房子。帮助人们买到心仪的房子时我会非常兴奋。我是天生的推销员,说到底,我还是喜欢跟人打交道。"

"好的,丹妮尔,现在我们挖掘了你的三项财富:首先,你喜欢跟人打交道;其次,你喜欢销售,在这一方面也很有天赋;最后,如此看来如果你被套牢在办公室里不与人打交道的话你不会开心,也不会取得大的成就。"

丹妮尔兴奋地回答道:"就是你说的这样!"

随着交谈的深入,丹妮尔变得神采飞扬起来,她身上的正面能量开始在我们的交谈中流露出来。

我接着问她:"你还能想到其他让你激动的财富吗?"

"我想做我喜欢做的事,并希望能在这件事上长久地干下去。我在房地产业上就有这种感觉。当我对某件事情充满热情时,我的表现就会非常出色。我会投入其中,疯狂地工作。我已经离婚了,我现在真的想要做我擅长的事情。你知道吗?房地产业让我有机会遇见各种优秀的人,我非常喜欢这种感觉!"

"好的,我了解了。那么你不想要什么?"

"我不想要我不感兴趣也不关心的工作。但是我父亲一直告诉我,我必须改变,哪怕在银行工作也行!天哪,想想都让人头疼!"

"好,这是我给你列出的财富清单。以下是你最珍视的财富:

1. 当一位充满爱心的负责任的母亲,并保证自己和儿子衣食无忧。

2. 做让自己充满激情的工作。

3. 不做一个因为懒惰或害怕寻找真正想要的工作而随波逐流的人。

4. 和有趣的人打交道并充分运用自己的销售技能。

5. 拥有一份有充分时间陪儿子的工作。

6. 如果可以的话，继续待在房地产业。

7. 如果房地产业目前不景气的话，回到传媒行业。

8. 拥有一份能长久干下去的工作。

你觉得这个列表如何？"

"我非常喜欢！正中要害！"

"好的，现在让我们找到三种可替代的解决方法或者安排，因为时间对你非常重要。既然继续待在房地产业是你最纯粹、最强大的事业财富：该领域有没有其他你还未发现的能维持你生活的门路呢？我知道如今经济非常不景气，但是有时候新的环境能造就新的需求和新的职业。有没有什么新的市场需求能加以利用？"

丹妮尔仔细思考了一番，答道："有些人有可支配的收入，他们现在倒是可以趁房价跌到谷底时将这笔钱拿来买房进行投

第二章
驾驭能量七步法

资。这比把钱投入股市要安全多了！"

"听起来不错。你有多少积蓄？"

"足够支撑我们一年的开支。"

"很好。我们探索的第一步就是，你估计一下自己让有可支配收入的人对买房投资产生兴趣的概率有多大。你经常跟高消费阶层的客户打交道，运气好的话，他们会让你帮他们找些好的投资途径。好好了解相关的信息，看看你能不能顺利进行这项计划。"

"这个主意很棒！"

"同时，我跟你都给广播电视产业的熟人打打电话，看有没有公司有能让你充分发挥销售天赋并让你乐在其中的职位。如果有，那么你可以暂时放下手上的房地产事业，等到经济景气了再说。但是谁说得准呢？说不定你在广播电视产业能长久干下去呢！"

"我太高兴了，肯。我已经感觉好多了！说真的，一点点希望也能带来巨大的能量。谢谢你！"

"别客气！"

"那我父亲给我安排好的面试怎么办呢？"

"这是你的第三条解决之道。去试试吧，反正就两场面试，看看会发生什么。谁也无法预测以后的事情！但是你要把主要的时间、精力和头脑放在找出房地产挣钱的新门路上，然后还要利用剩余的时间参加广播电视产业公司的面试。"

"我很激动,肯。我们现在有了清晰明了的计划和安排,也就是你口中所说的洞见!"

"还记得我们几年前听过的一首歌吗?'如今我清晰地看到,彩虹已经远去了。'清晰的思路会带来内心的平静,让我们不再惊慌!"

"我现在可以清晰地观察和思考了!真棒!"

"现在你该开始着手房地产信息搜寻并开始准备广播电视产业方面的面试了。要全力以赴啊!"

"遵命,老大!我会随时向你汇报我的进展的!"

"很好!"

丹妮尔很幸运。她在4周之内就取得了3项大的进展:

1. 经过仔细调查分析后,她发现以综合目前不稳定的经济状况以及她身上的担子来看,继续待在房地产业太过冒险了(我们之前讨论过,了解你不想要什么或者不应该做什么也属于纯粹的财富)。

2. 丹妮尔参加了面试并得到了某个大的制片公司销售部门的职位。她异常激动,内心充满热情和感激,并接受了这个职位。

3. 她再也不必考虑她父亲给她安排的工作了。

第二章
驾驭能量七步法

我们要明白，并不是所有的事情都能像丹妮尔的经历一样得到如此完美的结局。但是值得注意的是，丹妮尔通过仔细、诚实地反复挖掘她的财富，最终找到了新的职业方向：成为一名制片公司的销售主管。

识别最具效力的财富

我们之前已经探讨过，认识到你生活中不想要什么，你厌恶、害怕、让你感到羞耻的东西是什么，这些认识组成了最激励你的超级财富。因此，在每次做出人生选择之前，有效识别你所做出的人生选择会带来怎样可怕的后果是至关重要的。对我们所做出的选择及行为将导致的后果加以识别、分析、思考的这一过程被我们称为"预测后果"。

在后面的章节中我们也会对此进行详细讨论。我们生活在一个快节奏的社会中，主流文化告诉我们要及时行乐。这样的文化理念使我们极力追求自己想要的东西却不顾随之产生的后果。如此错误的观念绝对会让你做出害人害己的人生选择。为了让大家明白不顾后果的选择和行为将给我们的生活带来怎样的消极影响，我们一起来看看发生在约翰身上的故事。

约翰是西海岸收视率颇高的一家电视台的主播。在我们看来，他的前途一片光明。他的妻子聪明、有才华又美丽。他的家庭美满而和睦。从事新闻行业也给他带来不少光环。无论是在新闻行业还是在他生活的社区，大家都对他尊敬有加。总之，受老天眷顾，约翰有才能，生活事业也都一帆风顺。

然而尽管过着如此让人艳羡的生活，约翰还是不能自已地做出了欠考虑的违法行为。很显然，这些行为都发生在他被盛怒冲昏头脑的情况下。结果可想而知，他因为这些糟糕的行为丢掉了让人羡慕的工作，几乎把自己的事业毁掉；公众对他的行为也极为不满。其实如果约翰能认识并仔细分析他的行为带来的可怕后果，我相信他绝不会做出那些举动的。或许他会竭力保护好他那完美得让人羡慕的生活。以下是他在行动前本应该考虑到的可能会毁掉他的后果：

1. 丢掉自己珍爱的好工作。

2. 丢掉让人艳羡、有声誉、充满激情的好工作。

3. 丢掉稳定的高收入。

4. 给他最爱的妻子和家人带来极大的耻辱。

5. 生活在羞耻之中。

6. 因犯重罪而被控告。

7. 因犯重罪而被定罪。
8. 因为这一切毁灭性的后果而承受极大的压力。
9. 最糟糕的可能是会面临牢狱之灾。

这则故事告诉我们，当你面临人生的重大选择时，一定要提前考虑到这种选择所带来的后果。有效地实施这一认知过程将会给个人带来极大的好处。同时务必将沃伦·巴菲特的名言铭记于心："一个人要建立好的名声可能要花上20年，但是毁掉一个人的名声却只需5分钟！"巴菲特先生的深刻见解同样适用于生活。当你被情绪完全操控时做出的伤人伤己的选择也会将美好的生活毁于一旦。

下面我们来看看奥黛丽的个人案例。看看她对后果的预测给她带来了怎样的好处。

曾经奥黛丽做某些事时一直都没什么效率。她经常把那些对自己有利的事情拖到最后一秒才完成，有时甚至根本就不去做。她对有益于身心健康之事的漠然态度让关心她的人都很担心，她对此的回应一点也不让人吃惊："我今天不做这件事，明天或者下周做也行啊。"

走出情绪的死胡同

现在奥黛丽的丈夫去世 10 年了，她已经快 80 岁了，但是思维仍然非常敏捷。她每天阅读大量的书籍、报纸和杂志，涉猎各方面的知识。她还会花点时间做做填字游戏或者其他开发智力的游戏。当我问她为何在这方面如此高效时，她认真地答道："我家好几个亲戚年纪轻轻就患上了老年痴呆症。这对他们自己以及爱他们的人来说是种灾难。我想尽一切可能让自己不患上这种病，至少我可以尽量延缓它的到来。我不想给我的孩子增添负担。"

在奥黛丽的案例中，对患上老年痴呆症的可怕后果的预测（她最强有力的财富）打破了奥黛丽没有效率的行为习惯。她因为害怕患上老年痴呆症并且极不愿给自己的孩子增添负担而改变了自己的行为作风。她有意识地做出了积极的人生选择。她这种有益的行为改变带来了美好的结果。

重点提示

1. 在做出人生选择前慎重地考虑你的选择以及行为带来的后果是非常必要的。

2. 对某种人生选择会带来怎样结果的预测将成为你最有力的财富和梦想，这种预测也将促使你做出最有价值的人生选择。

2
人生的选择需要预测

∨
∨
∨

  阅读本书，你会发现大部分内容在讲未来的几天、几个星期、几个月、几年里的某个关键时刻，我们将面临怎样的人生选择……我们要做好充分的准备，准备好做出有价值的、诚实的人生选择。

  如果你能够明确地预测到未来的某种选择会带来什么样的结果，你就能果断地在关键时刻做出选择。但是如果你不能够明确地预测未来的结果，那么你就需要适时地调整自己的选择。此时，"忍"就为我们留有了足够的时间去调整。

有意识的人生选择

36岁的德鲁是一家著名的会计师事务所里的会计师,非常有声望。他已经结婚了,并且有两个孩子。德鲁在公司已经工作了12年之久。而24岁的梅丽莎是公司近来新招的一名助理。

众所周知,公司的董事会是非常不赞同办公室恋情的。然而在某个闷热的夏夜,公司年会结束后,德鲁被自己的性欲冲昏了头脑,那天晚上他和梅丽莎发生了关系。尽管德鲁知道公司最近在考虑把他升为合伙人之一——这个职位他已经垂涎很久了,他也一直在不懈地为之努力奋斗,但他还是与梅丽莎发生了一夜情。

梅丽莎的丈夫不知从哪里知道了他们之间的事儿。他怒火中烧地给德鲁的妻子以及公司董事会的两名级别最高的董事打电话说明了情况。这件事变得众所周知了,公司的员工对此议论纷纷。德鲁的升职计划泡汤了。不久之后,他被公司辞退了。与此同时,他的妻子也因为他出轨这件事而向法院申请离婚,并且要求孩子跟着她一起生活。德鲁再也没见过梅丽莎。

那天晚上的事使德鲁顷刻间变得一无所有。离开公司几天后,

第二章
驾驭能量七步法

德鲁重拾理智,他意识到自己亲手毁掉了自己的生活——仅仅因为一夜情。

故事向我们传达了一个重要的信息:当你面临人生选择之时,你的目标就是要保持头脑清醒,理智地做出选择:

1. 有价值的、反映你的财富和人生观的、能助你实现人生财富的选择。
2. 诚实的、反映你内心需求的、与你内心想法一致的、能助你活出自我的选择。

我们之所以如此重视有意识的人生选择,是因为身为人类,我们有能力在做出选择和采取行动之前理智地思考、推理和评估可能发生的后果,然后再决定采取何种行动。这是你在做出人生选择之时需要努力做到的一点。

人生选择是优化你生活的绝佳机会,但也可能摧毁你的生活。你认识问题以及处理问题的方式直接决定了你的生活品质。当你努力做出人生选择的时候,你同时也得处理一种或几种负面情绪带来的能量电荷。这些电荷可能会干扰你理智的判断力,让你在头脑混乱的状态下做出错误的决定。比如,你已经结婚了,但是问题出现了。比如一次出差时,某个你非常喜欢的人想和你开展一段露水情缘。你从未背叛过你的妻子。但是此时你内心跃跃欲试的欲望使一切的发生都变得"顺理成章"。你面临两种选择：保持对婚姻的忠贞，不辜负妻子对你的信任；或者出一次轨，因为这正是你曾梦寐以求的，一定是一段非常刺激的经历。

上一则故事中，德鲁最珍视的财富就是成为公司的合伙人。很明显，他在关键时刻没有控制住自己的性欲，让性欲冲昏了自己原本理智的头脑，结果做出了与自己长远目标完全相左的错误的人生选择。

为方便起见，当我使用"人生选择"一词的时候，我默认你在做出有价值且诚实的人生选择后会根据你的决定做出相应的行动。

很多人因为不喜欢做正式的决定而极力避免做决定。但是从现在起，你的目标就是充分利用每一次机会做出正确的人生选择。

有一天我听见某人这样定义选择：选择就是"因为更想要某种东西而放弃你原本想要的另一种东西"。从这句话中我们可以了解到说话之人有以下特点：

1. 能够理性地思考，不会受负面情绪的干扰。
2. 能有效地衡量不同行为的利弊。
3. 能有意识地做出反映内心最为纯粹的财富和梦想的选择。

从现在起，这将成为你做出选择的必经之路。

第二章
驾驭能量七步法

当重要的时刻来临

做出有利的人生选择必不可少的要素之一,便是确保重要时刻来临的时候,你能保持最佳状态。

我们都知道,很多时候我们做出的选择在大局之下显得微不足道。比如,一个运动员参加过无数次小型比赛和重大赛事,但是只有少数决定性的赛事能给他们的事业、收入、发展带来重大的影响。

同样,你的一生中也做过无数次选择,但只有一部分选择能影响到你最珍视的人、事、物。因此,当你拥有最为重要的财富或是实现梦想的机会出现在你的眼前时,你得拿出最好的状态来做出人生选择。脑海中牢记下面的话:

1. 挖掘你最有力的财富和真理。
2. 识别你最珍视的人、事、物。
3. 为了做出最佳选择,关键时刻尽可能娴熟运用以上技巧,确保你最为珍视的财富和梦想能够得以实现。

尽可能识别你最珍视的人、事、物。你的每一次努力都是为了未来你最珍视的财富和梦想出现在你的眼前时,你能拿出最佳状态应对。

走出情绪的死胡同

预测后果的艺术

要学会预测后果，你首先要知道未来的某时某刻，你会在一连串强烈情感交织的情况下被迫做出人生选择。这些情绪曾经让你做出过错误的选择，未来还可能让你重蹈覆辙。此时你必须机敏地做出正确的选择。下面我们花点时间谈谈"抽象预测"和"具体预测"以及它们之间的区别。为了更好地向你阐述你需要的知识，我给你讲述一则发生在迈克身上的故事。

迈克是一个乐于付出、热情、心胸宽广的人。几年前，他从洛杉矶搬到了芝加哥。不幸的是，他爱上的女人正是人们所说的"只知道索取而不乐意付出"的人。

克里斯蒂经历了两年痛苦的办理离婚阶段，在这期间，迈克一直都以朋友的身份陪伴在她身旁，给她建议、替她保密、给她可以依靠的肩膀。他事无巨细，什么事都替她着想。这两年里，迈克带着克里斯蒂参加好玩的聚会、看电影、听歌剧，总之带她体验了各种丰富多彩的活动。起初迈克做这一切都是因为他把克里斯蒂当成真正的好朋友，他出自真心地想要给她帮助。而克里斯蒂现在却希望能跟迈克发展真正的感情。在此期间，她一再告诉迈克，她希望离婚后跟迈克在一起，一起甜蜜地去各地旅行，甚至共度一

第二章
驾驭能量七步法

生。在离婚的前几个月,克里斯蒂经常会主动去牵迈克的手,长时间地拥抱他,甚至有时还会吻他。迈克对这一切都非常期待,也非常享受。

克里斯蒂最终结束了她的婚姻。但是很快,她开始念叨着"要开始全新的生活""终于独立了""又能跟人约会了""要重新了解自己"。克里斯蒂要开始追求新生活的想法让她跟迈克以往亲密的电话交流(大部分是克里斯蒂主动打的)成为过眼云烟。偶尔给迈克打电话时,她也总是暗示迈克她想要去那家昂贵的餐厅——这样的约会迈克非常享受,他很乐意。

随着时间的推移,迈克几乎看不见克里斯蒂的踪影了。即使偶尔交谈,她也不再跟迈克诉说对他的思念、欣赏他的人品或者说很享受跟他在一起的感觉,只是淡淡地说:"自打上次见面后我就没吃过像样的正餐了!我们应该一起出去聚聚!"

很长一段时间里,迈克觉得自己就像巴甫洛夫的狗一样,不停地接受刺激做出条件反射。尽管他觉得自己被利用了,内心愤怒不已,但是每次听到克里斯蒂甜美的声音(潜在的负面刺激),脑子里立马就浮现出她美丽的脸庞和笑容。他想起了她办理离婚的那两年他们在一起的美好时光。他不断幻想着亲吻她的嘴唇、触摸她的皮肤的感觉,他对这一切着了迷。她的体香在他的脑子里挥之不去。一旦跟克里斯蒂有了接触,迈克的理智和判断力就消失得无影无踪——所以克里斯蒂建议一起吃午餐,他马上就欣然接受。就算她要整个世界,迈克恐怕也是愿意给的。

我让迈克描述一下他沮丧时的想法和内心感受,他告诉我:"你知道,在她最艰难的两年里,每当她需要我的时候,我就觉得我们在一起生活会非常幸福。但是现在,我有时特别想告诉克里斯蒂我非常生气,我觉得自己被她利用了,因为每次她在情感上不再需要我时就把我像踢皮球一样踢开……当然,除了她想要我带她去最时髦的餐厅进餐的时候,这时候她才想起给我打电话。每次接通电话,听到她的声音我就情不自禁地想到她的好,结果就又昏了头。我完全陷进了这段感情里!我害怕如果我跟她对峙,她就再也不理我了。所以我会立刻邀请她一起进餐或者一起出游,希望能跟她恢复之前的美好情感……但是这种情况从未发生过。一旦我们吃完饭,我对她就完全没了吸引力。她又会消失好几个月。我无比痛恨我的懦弱!我觉得自己是个没骨气的傻瓜!但讽刺的是,我在生活的其他方面都十分理性!"

随着故事的发展,我们必须了解迈克对克里斯蒂的态度和行为并不是个例。他的这种行为和态度是一系列消极的行为模式中的一环——关键时候迈克被情绪控制而做出错误的行为。迈克与每个女人开展感情之初都喜欢奉献出自己的一切,以至于一旦这些女人没有按照他所预想的那样给他积极的回应,他便会觉得自

第二章
驾驭能量七步法

己的付出被她们看成理所当然的，或是觉得被她们利用了。这就是迈克身上出现的"抽象"问题，这种问题并不只出现在与克里斯蒂的交往中。

与我进行真诚的交心之谈后，迈克又进行了自我反省和认识，他如今明白了如何在未来约会的关键时刻通过自我行为的改变，既从抽象的角度又从具体的角度去预测事情的结果。在克里斯蒂这个案例中，一旦迈克和克里斯蒂见面或者交谈，他就会想起他们之间夹杂着的回忆、情感、感受和欲望等具体的（正面的）过往。这些刺激将不断地扰乱迈克的思绪，让他在关键时刻无法理智地思考，不能按照之前设定的计划行事。现在，迈克清楚地知道他下次跟克里斯蒂讲话时会发生什么事情了。他可以清晰地预见克里斯蒂蜜糖般的声音和语调、她的动作举止，以及她会以什么样的方式建议他们应该去某个知名的餐厅聚聚或者一起参加聚会。清晰地预测他下次遇到克里斯蒂的时候会做何反应，知道过去他的情绪无数次干扰了他的理智思考和判断，迈克就能够预见他未来会做出什么样的选择并知道下次见面时如何回应克里斯蒂了。防御式进攻的目标已经非常清晰，这种清晰的目标将阻止迈克重蹈覆辙，防止他在面对克里斯蒂时做出错误的人生选择。

然而，迈克同时也意识到，每当一些有吸引力的女人对他表示好感——不论她们是否会一直对他表现出关注、关心、关爱，为他付出，他的行动总是像风中用纸糊的小屋一样，完全不受控制。因此，他需要学会抽象地预测后果。迈克还必须学会预测当他碰到陌生的女人时，他会做出什么样的选择。最重要的是，他需要学会运用某些抽象的预测技巧来应对从未遇到过的情况。

你的预测是抽象的还是具体的，同样也取决于你的选择是绝对的还是可以更改的。原因在此：如果你需要在吸烟或不吸烟、喝酒或不喝酒、吃高热量的食品或不吃、采取优化生活品质的行动还是降低生活品质的行动之间做出选择的话，你的选择必然是肯定的，你对这种选择的预测反应也是具体实在的。然而有时候，考虑到当时的特定情况、涉及的人和事，以及可预测的结果，我们需要灵活地处理，适当地调整我们的预测。

所以当"是"还是"不是"的选择天平摆在你眼前时，一旦你能预测到你会做出哪种具体的选择，你就能提前预测自己在某个时间某个环节会做出何种果断的决定；相反，如果你不知道你会做出何种选择或者不知道如何应对陌生的情况的话，你可能需要灵活地采取行动。我经常这样建议我的客户：如果你能够明确地预测到未来的某种选择会带来什么样的结果，你就能果断地在关键时刻做出选择。但是如果你不能够明确地预测未来的结果，那么你就需要适时地调整自己的选择。

第二章
驾驭能量七步法

打个比方,你已经下定决心要减少吃甜食的次数,但是这时出现了特殊的情况——孩子的生日就要到了。鉴于情况特殊,这时你可能会提前决定为自己破个例。设想自己被问到要不要吃蛋糕时的回答也许是:"谢谢!来一小块就好。"但是你要明白,你必须在事情还没发生之前就设想好可能发生的情况,你做出判断的时候不能受到任何潜在的负面情绪的干扰。然而,这种灵活性告诉我们,有时候适当偏离所追求的财富和梦想并不会影响我们最初的计划和目标的实现。

在探索不变的人生选择与可更改的人生选择之时,务必要记住具体预测与抽象预测这两个概念。比如,当你能够明确地预测你在何人、何事、何种情况的影响下将做出何种人生选择的话,那么你就能轻易地在关键时刻到来之前提前做出坚定的选择。另外,由于你能预测到各种不同的助你一臂之力的积极因素,你便能根据这些不同的因素相应地做出不同的坚定的选择——即使涉及的人、事和情景并不相同。

然而,当你不能明确预测一些事情时,你便不能预测到在你要做出选择的关键时刻可能出现的具体情况。但此时,你还有三种选择,比如:

1. 不受任何人、任何事的干扰,果断地做出选择。比如:"这周末不管谁喊我出去,我都不会答应!我得潜心完成我的功课。"预测具体的情况,果断地做出人生选择。

2.除非有某个特殊的人物邀请,否则这周末绝不外出。比如,"除非布拉德喊我出去,不然我这周末是不会外出的。只有他才能让我甘愿把作业拖延到第二天再做。"预测具体的情况,提前在内心做出坚定的选择。在这种情况下,你要根据预测的具体事件中可能涉及的人而提前做出果断的选择。

3.或者做出这样的决定:除非有人能勾起我的兴趣跟他一同外出,这个人有能耐让我重新安排学习时间。这让你能更加自由地选择抽象预测的对象。

以上这些抽象预测和具体预测的策略就类似于运动比赛的赛前准备。如果你知道对手是谁,或者你们之前就交过手,你肯定非常了解他惯用的战术、弱点以及水平。要预测某个人未来的行为,最有效的方法便是研究他过去的行为。如果这个说法是正确的,那么你肯定能提前设想出可能发生的情况,并依此制定出相应的对策。然而,当你不知道对手是谁,或者从未与他交过手,无法获取任何与他相关的信息时,你就必须抽象地预测他可能会用到的战术、他的水平等相关信息。因为,比赛时可能出现各种情况。如此一来,你所要制定的赛场战术应该灵活多变,因为比

第二章
驾驭能量七步法

赛过程中可能会出现你意料之外的情绪、欲望、冲动和外力等因素，这些都是你必须适当处理的。

几年前，我在收听体育频道时碰巧听到前南加利福尼亚大学橄榄球教练皮特·卡罗尔的访谈。这位卓有建树的教练在访谈中讲述了南加利福尼亚大学橄榄球队每次比赛前是如何做赛前准备的。卡罗尔教练谈到了抽象预测和具体预测。我记住了他所说的重要部分："无论面对熟知的对手（具体）还是未知的对手（抽象），我们总是做好了准备。决定你成功与否的往往是你处理对手的方式。我们经常做好充足的准备，这使得我们无论碰到什么样的对手，都能应对自如。"

卡罗尔教授所言之意是，如果你以正确的方式做好了充足的准备，那么你无论是在面对能具体预测的人和事，还是无法预测的人和事的关键时刻，都能有效地做出反应，采取行动。

当你建立起了自己的防御式进攻模式后，你具体预测事物的方式之一便是准备好一系列你未来可能会做出的果敢的人生选择，这些人生选择因具体的人、事而生。时机到来时，它们自然会出现。

以下是具体预测清单的一个参考样本：

1. 我生气的时候不会做出任何选择，也不会采取任何行动。
2. 我周日的时候不会和朋友们一起玩，因为我需要好好陪我的孩子。

3.如果我要开车的话,就坚决不喝酒。

4.一旦克里斯蒂打电话来说应该一起吃个饭,我会这样答复她:"不用了,谢谢你的邀请。"我要让她学会欣赏我和我给她的陪伴。如果她做不到,那我也没什么损失!

5.尽管我喜欢吃咸一点的菜,但医生说我血压过高,摄入过多盐分会严重损害到我的健康。因此从今以后我再也不吃高盐分的食物了。

6.不管我内心的欲望有多么强烈,我今晚绝对不能跟萨姆亲热。

7.就算早上再疲惫,我每周至少也要有四天在工作前进行体育锻炼。

8.任何朋友喊我一起出去购物,我都会拒绝。我今年得存钱给我的孩子请数学和英语家教。

在以上所有情境中,你预测到你可能会根据以上列出的最有价值的未来设想来做出人生选择。当你列出具体的预测清单时,也就意味着你前进了一大步。当你面对人生选择时,尽管你会受到具体的人、事、机会或者选择的影响,你仍然明确地知道在关键时刻应该做出怎样的选择。你的目标便是让你提前预测相关选择,指引你在关键时刻做出正确的决定。这样你所做出的选择才会符合你先前在防御式进攻阶段预测的结果。

第二章
驾驭能量七步法

事件设想

现在让我们稍微花些时间谈论并探讨一下可设想事件的过程。众所周知,许多运动员在上场与对手交锋前会花一段时间安静地设想他们在赛场上可能会遇到的一些情况。为了更好地对此进行阐述,我跟你们分享一些我的赛前准备。那是我人生中第一次网球表演赛,我面对的对手是阿瑟·阿什,那时他还没成为世界一流的网球运动员。

几周前我就已经知道我会在老家——纽约的布鲁克林,为募集美国黑人大学基金跟亚瑟打一场比赛。我是哈佛大学网球队的头号男单选手,当时已经数次夺得了东部地区男子单打冠军。

幸运的是,我在表演赛前两周观看了一场亚瑟在迈阿密的比赛,所以有机会仔细观察和学习,并做了记录。接下来的一周,我又在电视上看到了亚瑟的赛事直播,这样我又能更深入地研究甚至确定他打球的模式。如此一来,我能够非常清晰地设想出亚瑟在特定情况下最可能打出什么样的球。比如,当他的对手看到他绝妙的反手球后直冲至球网时,他会以一记边线直线球作为回击。

走出情绪的死胡同
ZOU CHU QING XU DE SI HU TONG

观看了亚瑟整整两场比赛后,我的脑子里满是他的发球模式和发球喜好。在跟他交战前的一周,我每天都会花上一个小时左右的时间想象我会用什么样的方式来回击亚瑟的发球攻势,然后想象着他面对我的回击又会做出何种回应。我把这些事情的设想存储到了我的脑子里,这样我在赛场上可以随时将它们拿出来使用。因此,最终的结果是:

1. 我具体预测了在某种特定的情况下亚瑟会如何发球或接球。
2. 在关键时刻我提取了脑中存储的预想好了的回击套路。
3. 我执行了通过事件设想而制订的比赛计划。那天我获得了运动生涯里最让我欣慰的荣耀,以6:4的成绩击败了亚瑟。

我讲述以上故事是想要告诉你们,在防御式进攻阶段第二步中的关键:

1. 你知道在未来的某个关键时刻,你必须做出某种人生选择。
2. 你会具体预测或者抽象预测你在关键时刻面对你眼前的情景时将做出的人生选择。
3. 你会把这些事件设想存储于脑海中(你预想的选择),以

第二章
驾驭能量七步法

便你在关键时刻能即时从脑中将这些设想提取出来加以利用。

接下来，在脑中设想你真正做出有价值的、诚实的人生选择的情形。反复设想这种场景。记住，这是你内心渴望得到的结果。然后体验、庆祝、享受这种实现人生价值、实现人生理想、创造自己未来的感觉。只有当你知道自己真正想要得到什么、真正想要成为什么样的人，并利用激励你努力奋进的情感触发器，你才能实现这一切。提前感受这天赐的美妙的礼物。让这种美好的感受浸染你的全身并深刻烙印在你的内心深处（你的心灵、脑海和灵魂）。

接着，把这些让你振奋的感觉——这些强大的能量电荷深深地镶嵌在你的内心深处（你的心灵、脑海、灵魂）。你之后就能拥有这些强大的正能量电荷并在关键时刻将它们为己所用。

重点提示

在关键时刻，你可以从脑中提取、重放、利用你在防御式进攻阶段存储于脑海中的关于潜在人生选择的设想。

对我们来说，获得预测力的另一个条件是在不受外在影响的情况下客观地认识你过去曾做过的伤人害己的人生选择。这就要求你要诚实且依照内心的真实想法去回顾并审视过去曾因某种选择而伤人害己、挫伤自尊的时刻：

1. 因为你当时做出的选择并未经过仔细思考。
2. 因为你的情感妨碍了理智的判断。
3. 因为其他一些失败的选择或者错误的影响。

犯错的益处在于你可以从错误中学习，客观地认识到错在哪儿；从错误中学习到更成熟、更有效地处理事情的技巧；吸取之前所有的经验教训，确保下次你能在深思熟虑后做出正确的人生选择——这就是你要全力准备去做的事情！

因此，在等待未来人生选择时机到来之前，你要回顾并认真思考上一次你为什么会在面临人生选择之时做出伤人害己的人生选择。接着花时间好好思量下次你在面临同样的情况时，怎样才能做出更有利的人生选择。

以下是一些假设的内心独白的范本。这些独白透露出这样的一种信息：深刻认识过去所做出的错误的人生选择，通过设想你未来可能面临的类似的人生选择，找到一种更有效地实现未来设想的方法：

1. 上次参加派对（晚宴）时，别人一直给我敬酒，我没有拒绝是因为我想跟人交往，而且当时喝那么多酒好像对我也没什么伤害。事实证明我错了。后来我因为酒后驾车而丢了驾照。这真的让我在各方面都深受打击。太糟糕了。

以后遇到这种情况，我会委婉地拒绝，如果有人再来劝酒、敬酒，我绝对会说："不了，谢谢！"我不敢冒险也不愿因此承受可能产生的无可估量的损失——再次被吊销驾照，这次可能是永久的！我也不想冒险因为酒后驾车遭遇车祸而伤害到我的孩子、我自己或者其他人！

2. 上次一家颇有名气的公司给我提供了一个待遇较高又体面的工作时，我没有考虑就答应了。由于工作繁忙，我的孩子大多数时间是跟保姆待在一起的。我的孩子现今感到他们没人疼爱、不受人重视。我对此感到无比悔恨。我后悔因为我对他们缺少陪伴而给他们造成了伤害！

4年后我看到孩子们身上出现各种各样的违纪行为以及其他的一些问题，我辞掉了工作来陪他们。下次再有公司给我提供类似的职位，我绝对会说："不用了，谢谢！"孩子们情感上的归属感和安全感比经济上的收入和一些虚无的工作头衔要重要得多。

3. 上次我母亲告诉我该如何生活的时候，我刻薄地反击了她的话，愤怒地指责她一直都是一个糟糕、自私的母亲……然后我就冲出了家门。

我跟我的孩子们一年来都没跟她见面或者讲话。我并不想跟母亲产生如此大的隔阂，更不想剥夺孩子们与外祖母共度美好时光的经历。但是不知怎么的，她总能惹怒我，不管她是刻意的还是无心的。

下周母亲的生日就要到了，我告诉父亲我想陪她一起庆生。这次我想跟母亲融洽、友好地相处。我也想让我的孩子知道并感受一下外祖母对他们的爱。我准备不论母亲说什么或者做什么，我都不生气。从现在起我要成为我跟母亲间的"和平使者"！

现在让我们回顾一下。以上3段内心独白都是由于当事人认识到过去的选择造成的过失，为了更正他们之前所犯的错误而下定决心做出的更为有利的计划。这些计划的目的是保证再次面临刺激时，他们能做出更理智、更理想的选择。

3
你的未来需要设想

⌄⌄⌄

不断使用各种方法确保你一直都在做出有价值的人生选择的过程被称为"未来设想"。带你到达任何想要去往的地方的工具则被称为"未来设想之路"。

按下你的情感触发器

你肯定听说过谁惹怒了某人（情感上的）。现在是时候让你自己来识别并带有目的地按下你自己的情绪按钮，以此来激励你做出有利的人生选择了。这才是真正意义上的自我激励和自我帮助。下面我讲三个故事，相信会对你有所启发。

故事一：

有位当今非常著名的女演员，她在踏入演艺圈初期曾委托一家顶尖的经纪公司为她代理业务。该经纪公司给她回复了一封信，拒绝了她的委托。信的大意是以她的资质是不可能在演艺圈立足的。那封信一度让她的自信心跌到了谷底。如今已经过去了十年，这位女演员获得了巨大的成功。她告诉过很多人她一直把那封信贴在她的公告板上，以此激励自己每天都要向他人展示自己有能力做一位巨星。她说这封信也促使她学会虚怀若谷，专注于自己的演艺事业。

无独有偶，在一期国家电台秀节目中，访谈嘉宾是前职业橄

第二章
驾驭能量七步法

榄球运动员萨尔·保兰·托尼奥。主持人问他，为什么新英格兰爱国者队的巨星——汤姆·布雷迪和教练比尔-贝利奇克能够年复一年不断取得胜利？保兰·托尼奥答道："他们源源不断的动力是愤怒。布雷迪在美式橄榄球大联盟中不受重视，贝利奇克也一度被人看轻。"我之所以要引用保兰·托尼奥的观点，是因为布雷迪和贝利奇克内心强烈的愤怒激励着他们在每次比赛时都全力以赴，他们想以此证明那些诋毁他们的人是错误的！他们之所以能取得现在的成功，是因为他们技巧高超地按下了自己的情感按钮，目的是获得职业生涯的巨大成功，摘得美国橄榄球比赛的桂冠。

故事二：

我的母亲有很多优点，但她从未完成过自己发起的项目。她要么找机会故意让自己遭受挫败，让项目没法进行下去；要么利用某些偶然的不利事件，声称自己是"受害者"，很快把项目抛到九霄云外；要么她就竭力争取做到（不可能达到的）完美。结果，她难过地发现，她做的事没有一样是完成了的，因此她经常不能完成她曾经美好的设想。我母亲的这些行为很明显都是找借口、自我贬低的行为模式。

看到母亲如此有才华却很少能体验到将自己伟大的想法付诸实践带来的喜悦，我感到很心痛。我母亲在这方面自我贬低的行为一次次敲打着我的神经。她一次又一次地浪费自己的才华和辛苦付出的行为激起了我内心强大的能量电荷。因此，我一定会竭力完成每一个我认为有价值的项目。每当母亲放弃自己启动的极好的项目的情形出现在我的脑海里，都会警示我绝不能去效仿她，或者承受她所遭受的巨大失落感。她自我贬低的行为激励着我每次做事都要有始有终。

故事三：

在前面的章节中我已经谈到过，我非常讨厌生病住院。为了远离医院我可以做任何事情，改变任何行为习惯。一想到要住院，脑子里浮现的医院场景就会把我吓个半死。因此这种对医院的恐惧成了我最强大的、充满能量电荷的情感触发器之一。在所有事物中，我最珍视的是自己身体的健康——这个情感触发器被我置于财富清单的顶端。我之所以如此重视身体健康，全得益于我父亲的影响。他一直都非常悉心地呵护着自己的身体。他经常锻炼身体，保证充足的睡眠。父亲生来体格就很强健，再加上他坚持不懈地进行极为有益的锻炼，所以直到100岁他仍然精神矍铄，身体硬朗。他在98岁高龄时还为某品牌折扣店工作，而且对工作的热情丝毫未减。

我非常敬仰父亲，作为他的儿子和粉丝，我想尽一切力量使

第二章
驾驭能量七步法

自己能像他一样长命百岁，拥有充满激情的人生和无比健康的体格。要实现这一切，我必须面临一个小挑战：我非常喜欢吃油炸食品，它们每天都会出现在我的餐盘里。有一天，我去医院探望一位老朋友，当时他已经年过半百，马上就要进行第二次心脏搭桥手术了。他非常害怕自己挨不过这次手术，这样就再也无法守护他甜美的妻子、可爱的孩子以及慈祥的母亲了。看到他被困在医院的病床上，全身散发出令人恐惧的气息，护士在床边开始为他的手术做准备，我吓坏了。

他的妻子小声对我说："本的动脉被堵塞得特别严重。他从来不对自己的饮食上心，一直认为自己强壮得坚不可摧。"她眼含热泪，对我说的这些话全是用的过去时。我永远无法忘记本在被麻醉之前，他的妻子和母亲在对他说话时脸上佯装的乐观的表情，以及她们离开病房后滂沱的眼泪，她们觉得要彻底失去他了。

护士们把本推进了手术室，我也离开了病房。跟所有人道别后我立马告诫自己："你是不是真的想要图一时口腹之欢而像本一样付出生命的代价？你是不是想被困在医院的病床上，任凭医生和护士的摆布，让他们决定你是生还是死？你是不是想在等着做手术之前备受恐惧的煎熬？你还要不要继续吃可能损害你心脏功能的油炸食品，以致你以后很可能无法过上自己渴望的健康长寿的生活？如果不想的话，你从现在开始就要郑重地对油炸食品说再见了，这样你才有可能永远不用做心脏（或者其他相关的）手术。"

接着我开始设想自己像本一样躺在医院的病床上，等待着自己手术时刻的来临，内心充满了无限的恐惧：我再也不能陪着我心爱的人了！我还想到，如果我真的像本一样要做这样的手术或者在手术中或术后去世，我将给爱我的人带来巨大的痛苦和煎熬，这一切仅仅只是因为我不够自律，管不住自己的嘴！

这些思绪以及设想所带来的能量电荷是如此强大，以至于它们彻底消除了我吃油炸食品时短暂的快感所引发的能量电荷。享受美食时产生的能量电荷完全被思考带来的能量电荷摧毁了！因此，以后一旦我要吃油炸食品时，就能利用我最强效的情感触发器。我能够清晰地思考和权衡利弊。我可以自豪地说我过去25年里吃油炸食品的次数不超过5次。

读完这三个故事，你是否对"按下情感触发器"有所领悟了呢？关键在于你要理解并相信：

1. 有一些特定的情感触发器，能引发你体内强大的能量电荷。
2. 通过有技巧地按下你自己的情感按钮，你能够激励自己做出有利的人生选择。

未来设想与规划

我们先来学习一个非常重要的概念：设计。

设计，顾名思义，就是你设计人生选择的过程——也就是说，你给这种选择设定一个特定的情景，让这有目的又强大的能量电荷助你在关键时刻无视那些因情绪和欲望而产生的负面能量电荷。在最纯粹、最有力的情感触发器的指引下，你在脑海中事先存储好了自己的选择，如此你在关键时刻便能做出符合你未来设想的选择。

在我们学习如何设计自我选择之时，我想跟你们分享一则关于我个人如何发现"设计"这一理念的小故事。希望这则故事能够帮助你们更好地理解这一过程。

在我小的时候，为了养活我们一家几口，父亲一周要工作6天，而且经常上夜班。我感到幸运的是，父亲的辛勤工作让母亲能够在家当全职主妇，有大量的时间陪伴我。因此，我小时候几乎是母亲一手抚养长大的。由于父亲一直在外奔波，只有母亲在家照顾我，我从小就觉得只有母亲才关心我、爱护我。这种经历让我觉得父亲并不在意我，也不爱我。

这种被父亲"抛弃"的想法让我感到很受伤，也很生气。我经常会坐在房间里看电视，狂吃饼干、糖果、布丁、芝士蛋糕、意大利面之类的食品。结果我变得异常肥胖。我内心非常缺乏安全感，我感到愤怒、受伤、没有自信，也不轻易跟人交心。除此之外，我的协调性发育迟缓，让我看上去非常笨拙。毫无疑问，我当时真的是个很差劲的小孩儿。

一年级时，我喜欢上班里的一位女同学。她叫黛儿，非常可爱。我一直把对她的喜欢暗暗藏在心底。到了八年级，我觉得自己太胖了，黛儿肯定不会喜欢我的。我根本不是什么当男朋友的料儿。于是我选择给全班同学逗乐，用我的笑话来吸引黛儿的注意力。然而她却只是把我当成一个"有趣的朋友"，而不是我想要的那种关注。

一直以来，我对自己肥胖的体形都无比沮丧和懊恼。我穿不上那些有型有款的白色紧身牛仔裤。我只能在"超大号男孩"商店买衣服，相信我，那里的衣服毫无款型可言。我讨厌别人看我吃东西时那种嘲讽的眼神（因为我胖）。

7岁时的某一天，母亲被路边的栅栏绊倒，重重地摔倒在街上。她的盆骨严重摔伤，连着好几周都不得不待在医院里。为了治愈她摔伤的骨盆，医生们需要给她做3次手术。谁知，这次可怕的事故反而让我的生活出现了一线希望。我的父亲每天晚上不得不提早回家陪我。他周末也不再工作了，而是带我去我最喜欢

第二章
驾驭能量七步法

的海滩俱乐部玩儿。

我的父亲一直都非常擅长体育项目。在与他一起度过的周末时光里,我总喜欢看他和朋友们玩激烈的网球游戏。游戏结束后他总是递给我一个球拍(木质的),然后开始向我投球,让我把球击回去。开始时,我打得一团糟!因为我的身体不协调,我的球拍连球都碰不到。但是我慢慢掌握了一些门道。几个月后,父亲和我开始对着墙壁练习击球。我手和眼的协调能力得到了很大的提高,这让父亲非常高兴。我也很开心,因为我一直以来都渴望得到父亲对我的肯定。

我后面又遇到一个难题,因为我太胖,又十分笨拙,每当需要跑出去接球的时候,我总是跑不到合适的地点,即使是跑到球场特定的区域,对我来说都非常困难!我不停地尝试。9岁时有一次我和父亲观看一场网球表演赛。参赛选手都是一些11岁的男孩子,他们个个都非常瘦、速度快、身手敏捷。父亲在观看比赛时不停地称赞这些男孩子多么棒——尤其对其中一个表现出众的瘦子——戴维·克雷恩称赞有加。我感到非常受伤,心都碎了。我真的很想让父亲也那样称赞我!我想让他爱我、重视我、尊重我、为我自豪!那天晚上,我又吃了很多的冰激凌、饼干和意大利面。我强烈地感到自己被抛弃了,我感到很受伤,觉得自己只是"一般"而已,还"不够好"。我需要一些东西立即给自己安

081

慰，食物给的安慰来得最快。

经历那次难忘的情绪低潮后不久，我突然顿悟了。我意识到，如果我可以成为一名非常优秀的网球运动员，我就能从我想要的东西那里获得真正的安全感——父亲的陪伴、他的重视、他的称赞以及他的爱（我最为纯粹最为有效的财富）。如果我能够跑得更快，身手更加敏捷，我就更容易实现这一切。这就意味着我得减肥了！

如果我当时列出最具效力的财富清单，置于清单之首的应该是：得到并感受到父亲的爱与赞美（这是我最想要的）。

从那天起，我发现我渴望从父亲那里获得这些情感的愿望是如此强烈，以至于由此产生的能量完全消除了我先前想要通过一时的暴饮暴食来安抚受伤情绪的需要。

从那一刻起，每次有人请我吃大餐，我都会拒绝。每当这个时候，我都会设计一下我面临的选择。

我是不是想要图一时的口腹之欢并继续承受以下痛苦：

1. 觉得自己讨厌又肥胖。

2. 觉得自己无比差劲。

3. 再次感受别人在我吃饭时对我的嘲笑和鄙夷的目光。

4. 触发我的疲惫和软弱感，让我吃更多的高热量的食物，即使我知道这会要了我的命！

或者，我可以郑重地回复："不用了，谢谢！"拒绝吃伤身的食物，抓住每一个能够变瘦的机会，真正实现我一直以来渴望的一切：

1. 父亲给我的爱所带来的无与伦比的快乐感受。
2. 父亲对我表示赞同并以我为傲带来的那种难以言表的愉悦感。
3. 父亲愿意陪我，和我打球是因为他真的很享受这样的时光并且真的想要陪伴我时的美妙感。

我又添加了一些由以下情感而产生的有效的能量电荷：

1. 我因为自己肥胖的体形而感到无比羞耻和难受。
2. 我多么不喜欢这样的自己。

设想出这些选择，我便能利用并疏导我最有价值的情感触发器所带来的一系列强劲的能量电荷。这些结合起来的能量电荷彻底消除了之前刺激我通过暴饮暴食寻求安慰的能量电荷。结果，我在面对糖果、蛋糕、饼干和其他甜食诱惑的时候越来越坚定。我兴奋地发现我的体重开始减轻了！我瘦了好几斤！

最主要的原因是，我能够将对父爱的渴望之情、对自己的羞耻感，以及自身强烈的缺乏安全感结合起来所产生的能量电荷加以利用。这些结合起来的强大能量电荷消除了我想要通过暴饮暴食来求得一时口腹之欢和安慰的欲望。因此，我能够根据经过缜密思考而设下的我一直想要实现的目标和梦想来做出人生选择。

换句话说，我发现得到父爱、称赞、尊重和陪伴比吃甜腻的食物更能激励我。

很快，我又发现了两种更珍贵的财富：

1. 我想要变得更瘦，这样黛儿就能考虑我做她的男朋友了。
2. 我想要变得更瘦，这样我就能穿上朋友们穿的那种有型有款的白色紧身牛仔裤了。

此时我已经发现了设想的财富以及设计人生选择的强大效力。我将这种结合称为"财富梦想之路"或者"设计财富梦想之路"。

因此，从那时起，一旦有什么事情可能会威胁到我的饮食习惯和生活规则，我就会想想我的财富梦想之路。我的设计如下：

我想要图一时口腹之快而继续觉得自己是个"傻胖子"吗？觉得自己特别差劲，也不愿意积极地改变自己的生活；再也不会得到或者感受到父亲对我的爱；绝不可能成为黛儿的男朋友；绝不可能穿

第二章
驾驭能量七步法

上我想穿的那些衣服。或者我要果断拒绝甜食（这种痛苦只是一瞬间的）从而获得父亲对我的爱以及他对我的肯定；成为我想要成为的人并为此感到自豪；很可能成为黛儿的男朋友；欣喜地穿上我想要穿的衣服；对拥有通过人生选择而积极改变自己的生活的能力感到无比骄傲！

接着我会设想我做出这个有价值的人生选择后随之而来的积极的生活变化（享受父爱、成为黛儿的男朋友、穿上其他人都在穿的有型的衣服）。同时我也会设想假如我选择继续吃高热量的食物，继续做一个"傻胖子"或"肥猪"，会出现怎样可怕的后果。

当设计好选择并设想好结果后，要拒绝甜食和别人的招待简直易如反掌，根本不费吹灰之力。对我以及那些我曾经辅导过的人来说，击退曾经伤害过我们的能量电荷的，是由激励人心的选择设计以及充满能量的设想组合而成的高效力的能量之拳。因此，我们的财富梦想之路能助我们一直保持理智和最佳判断力。

过了一段时间，我的体重减轻了很多。我已经习惯站在镜子前欣赏"全新的我"了。同时，我也喜欢在脑子里设想我一步一步变成自己梦想成真的人的历程。我会将这一切添加到我的财富梦想之路里——这将极大地增加实现梦想的效力和效率。

当我看着镜子里的自己时，我努力回想我的财富梦想之路，同时尽情地享受"我有能力创造自己想要的生活"这种想法。接着我会将这些由美好感受引发的高效力能量电荷疏导并存储到我的脑海和心灵深处（我的心灵、精神和灵魂），以备将来所用。

我一直严格遵守着这些产生积极能量的步骤，直到我能够穿上我一直以来都渴望穿上的牛仔裤，再也不必在"特大号"商店买衣服。我永远也无法忘记我第一次买那条白色的牛仔裤，站在镜子前端详自己的那一刻。那是多么美妙的能量电荷啊！同时，我再次把这种美妙的感觉存储到了我的内心深处。

我的球技越来越好，父亲也开始祈盼和我共度周末的时光——和我打网球或者仅仅观看我跟别人打。我开始真正有了被父亲关爱和赞赏的感觉。我跟父亲的这种友谊也让我们父子之间的关系更加亲密。我之前那种被抛弃的难过感受早已被强烈的爱、喜欢以及信任代替。这一切让我建立起了强大的自信心。

随着生活中这些改变的出现，我会确保我的财富梦想之路完全吸取了"我正朝着新生活一步一步前进"而产生的高效力能量电荷。通过构建有效的财富梦想之路，我有了难以置信的创造条件来实现未来设想的能力。而且我还能够通过有价值的人生选择来得到这些强力能量电荷。

我积极主动地努力保持并不断更新我的未来设想，因此我的未来设想之路也随之得到更新。我继续将我所能获取的高能效能量电荷相结合并让它们为我所用。这些能量电荷让我在12岁的时候身材变得非常苗条。要知道，此前我从未瘦过！

这一切都是通过识别、疏导以及有效掌控曾经扰乱我的理智判断，使我做出伤害自己、挫伤自尊心的人生选择的负面情绪电荷实现的。

从我的故事中，我们能学到什么？

1. 你的未来设想触发了最具效力、最能激励你的能量电荷。

2. 了解你最珍贵的财富并将它置于财富清单之首，你就能识别强力能量电荷。因为你最珍贵的财富等同于最强有力的能量电荷。这一原理同样适用于你的梦想。

3. 完成以上要求，你便能在未来设想之路上消除那些在面临重要人生选择的关键时刻干扰你的理智和最佳判断力的负能量电荷。

4. 你的主要目标之一就是将你的未来设想之路与你最具效力的能量电荷（最能激励你的东西）相结合，这样你才能更加轻松且清楚地做出有价值的人生选择。

记住，你在设计未来设想之路或者生动地设想你所做的人生选择将带来的后果时，你的目标是清晰、明确的：你所做出的人生选择和你想要获得的财富和实现的梦想完全一致。

请记住我们先前讨论过的内容,你的未来设想之路以及人生设想是要经过精心设计的,它们将助你按下你最具效力的情感按钮,以此激励你做出有价值的人生选择。

深入研究财富梦想之路

为了深入探讨如何从全局出发,开发你的财富梦想之路,我们先来分析一个情景:

1. 你今晚要去参加一个圣诞派对,你预测今天会有很多场合需要喝酒。同时你也清楚你要注意并极力改正爱喝酒这一毛病。

2. 你认识到你的财富——你想要戒酒且不想再冒险酒后驾车;你不想永远被吊销驾照;你不想伤害他人。除此之外,你想要掌控自己的人生,并且好好爱护自己的身体、心理以及情感的健康。

3. 你完全了解也懂得,过去但凡有人让你去喝酒,你在关键时刻总会被情绪以及随之而来的高效力能量电荷弄昏了头。它们使你无法理智思考,无法做出最佳判断。结果,尽管你先前知道你不该喝酒,但情绪一上来你还是喝过量了。不知怎么的,你理智思考

第二章
驾驭能量七步法

并做出正确举动的能力在关键时刻就消失了！就像播放中的收音机突然卡掉了。你总是给自己找借口："我喜欢喝醉时那种轻松的、不受束缚的感觉。我喝醉时更加随意、有趣、好玩，不像平常那样严肃、一本正经。朋友们更喜欢跟有趣（喝醉时）的我在一起。同样，我也更喜欢喝醉了的自己！"你极度错误的人生选择使你又一次喝醉酒开车回家！

4.通过防御式进攻的方法和步骤，你明确且果断地认识到反映你的价值和梦想的人生选择。在关键时刻，你的选择必须是：无论如何都不喝酒！不管喝酒让你感觉多么爽或者让你变得多么有吸引力！

让我们一起来设想：我想要再次冒着酒后驾车被罚的危险继续喝酒吗？我知道如果我继续喝酒（此时的关键是首先设想所有消极的情况），我可能会：

（1）被永久吊销驾照。

（2）因为再也不能开车去任何地方而感到更加羞耻。

（3）与"没了驾照后生活会多么不便"的想法做斗争。

（4）因为醉酒驾车让我的孩子、我自己或者其他人受到伤害。这会让我的精神和心理崩溃。

（5）忍受喝醉时无法掌控自己的思想和行为的煎熬。

（6）因喝酒而患上疾病，比如肝硬化。

(7) 因为变成一个醉鬼而失去自己爱的人。

(8) 因为喝酒而对我的三个孩子疏于关心和照顾，成为一个糟糕的单身母亲（父亲）。

(9) 失去对孩子的监护权。

以上都是我继续喝酒可能带来的糟糕后果！

5. 接着开始设想当你解救你的生活后可能发生的积极的改变（识别你最具效力、最强烈的情感触发器）。比如，如果我对酒精说："不！"并从此不再喝酒，我会：

(1) 跟我的孩子们在一起。

(2) 成为一个更负责任的母亲（父亲），成为一个更好的榜样。

(3) 掌控我的人生、我的行为和我的思想。

(4) 不会伤害任何人，不会因此毁掉他们的生活、我的生活以及孩子的生活。

(5) 保住我的驾照，出行方便。

(6) 让我爱的人愿意留在我的身边。我会让对方觉得跟我在一起是幸福快乐的，让对方爱我、尊重我！

(7) 保持健康的体魄。

(8) 因为能够积极掌控自己的人生而获得强大的自尊心和自信心。为自己感到自豪，为自己充分过好每一

第二章
驾驭能量七步法

天而自豪。

6.列出你的财富清单时,把你能想到的因为继续喝酒而导致的最让你害怕、恐惧、憎恶、感到羞耻和愧疚的后果置于清单之首。接着设想如果你不戒酒,你的人生会有怎样可怕的变化。比如,充分发挥你的想象力,试想:

(1)你的孩子因为你的酒后驾驶而丧生。

(2)你因为酒后驾驶而撞死了一个人。

(3)因为酗酒被认为不够称职,失去对孩子的监护权。

(4)你的酗酒让你的孩子感到不被关爱、不被需要、不被重视。让他们在以后的生活中出现很多问题,并不断备受煎熬。

(5)你因为酗酒而患上肝硬化或者食道癌。你过早离世,以致你的孩子无人照顾、无人看管。

7.你此时的目标是设计并设想这些可怕的后果,它们会让你恐惧到一定程度,如此一来,这些想法和设想所带来的能量电荷就会彻底消除你想要喝酒的欲望所带来的负能量电荷。

然后按照同样的模式想象你拒绝喝酒后会给你的生活带来怎样的美好变化。确保你想象的是最美好的前景,因为这种未来设想将成为你最具效力、最强烈的情感能量电荷。比如,试着设想:

(1)为你的孩子树立一个好的榜样。

（2）让孩子们的生活每时每刻都充满意义，使他们需要你、尊重你。
（3）保持身体健康并掌控自己的人生。
（4）让爱你的人愿意留在你身边。
（5）拥有孩子的监护权。

当你设想未来的时候，你的目标应该是充分地想象你的选择会带来怎样的后果。如此，它们激发的能量电荷才能让你做出能真实反映你清晰思路和最佳判断力的、符合你的财富和梦想需要的人生选择。实现这一切的方法就是将你最强劲的情感触发器所带来的能量电荷导入你的未来设想之中。

为了更好地理解如何设想未来，我们一起来看看这则故事。

大家还记得布兰登吗？他当初因为做爱时看色情片的狂热而失去了多个爱人以及恋爱的机会。和他交谈一番后，我了解到他其实是个很有道德感的好人。但就是做爱时的这种有害的心理（行为）模式害了他。布兰登私下里对我坦白说每次事后他都会感到非常"糟糕"，非常"肮脏"，但他始终不能抑制住这种冲动。他很清楚地知道他的所作所为将会毁掉所有恋爱关系。他告诉我

第二章
驾驭能量七步法

他十分想要改变这种行为模式，做一个健康、正常的好人，他感觉自己能成为那样的人。

我让布兰登设想一下因为他的这种行为，他身边所有优秀的女人都开始远离他。看着他设想时的表情变化，我知道这对他来说是非常痛苦和羞耻的任务。接着我又让他想想他最害怕失去的女人是谁。他很快回答："凯利。"他继续坚定地说："她是除了我母亲之外，在我生命中出现的最棒的女人。她非常优秀。因此把她吓跑，我非常难过。如果能够挽回她，我愿意付出一切，我愿意做任何事情。我对自己感到恶心！"

好，现在我们了解到布兰登身上具效力的财富之一了：凯利——必须改变布兰登的行为尽力挽回她，或者以此保证下一个"凯利"来到他身边时不会被他吓跑。

深入交谈后，我又发现了他身上最具效力的两种财富：布兰登对他母亲的爱和他与母亲之间的亲密关系。布兰登深信已经过世的母亲一直都在天堂看着他，他极力想让母亲为他感到自豪。但她会为他这种不正常的性行为感到羞耻，他最害怕的就是这种恶劣的行为剥夺他死后在天堂与母亲团聚的机会。这个想法简直吓得他灵魂出窍。

识别了这些让人难以置信的、纯粹有力的情感触发器，并将它们加以利用，将之疏导到对未来的设想之中后，布兰登和我一起对他的未来做了充分的设想，以便他以后持续使用：

1. 我是不是想因为继续这种肮脏的行为而失去与母亲在天堂见面的机会？

2. 我是不是想使母亲蒙羞，让她因为我而感到耻辱？我是不是想让她因为看到我拥有这样空洞又无意义的人生而感到无比痛苦？

3. 我能不能立马停止这种病态的行为，让自己走上更加积极、更加美好的人生道路？

布兰登接着又利用这种高能量电荷来触碰他全身的情绪按钮："不再痛苦！我想未来去天堂跟母亲相聚！我想让她为我自豪！我不想给她带来痛苦！我想要找回凯利！"

布兰登接着又设想了一下如果他继续这种伤害自己的行为，他会承受什么样的后果。他想象自己：

1. 再也无法跟母亲团聚（到目前为止他最具效力的财富）。
2. 使他的母亲蒙羞。
3. 让他的母亲因为他而感到痛苦。
4. 永远失去凯利。

5. 因为他这种伤人害己的性行为，他的生命中再也不会出现凯利这样的女人。

从那天起，布兰登全身都武装了他强力的未来设想以及他提前做出的正确的人生选择。这种选择督促他再也不要因为做爱时看色情片而毁掉与恋人的关系。这是布兰登对于未来的具体预测。他最具效力的情感触发器已经装满了他对未来的选择和设想。

大约 3 年后，布兰登告诉我他的生活和他对自身的看法"变好了许多"。他说他正在跟米歇尔谈恋爱，他们的关系健康而稳定。他跟伴侣在一起感到非常自在，非常享受，也非常诚实，因为他不受那种可怕行为的奴役了。他不断强调他"几乎"不看色情片了。即使他看的时候，也是征求了对方的同意。米歇尔也因此热情大增。最积极的改变就是，他不再觉得自己是在自私地利用自己的感情，他以前总是这么认为的。因为现在他跟伴侣交合并不是因为他单方面想要满足自己无法遏制的"自私需求"。

事情积极发展的态势让布兰登觉得他死后是有资格跟母亲在天堂相聚的。他还向我吐露如今他设想未来的时候，他曾经深爱的凯利的位子早已被米歇尔代替。米歇尔现在成了他最具效力的财富。一切结果都是如此积极而美好！

重点提示

未来设想与规划分为两个过程：

1. 巧妙地设计出让自己信服的未来人生选择或者要面临的人生难题，让这些选择和难题激励你并引导你做出能够助你实现未来设想的人生选择。

2. 设想：在设计出你将要面临的人生选择和难题之前、之时或者之后设想你的财富和梦想。

为了保证你在未来能做出正确的人生选择，你必须提前构建最能激励你的、能量电荷最强的未来设想和规划。

对未来进行设想是助你不断做出有价值的人生选择的一种战略性方法和远见。它包含一种或多种对未来的构想以及一种或多种情景设想。

当你对眼前的问题做出设想时，你可以将所有可能的选择集中起来，并赋予它们最多、最强有力的能量电荷，如此你潜在的负面情绪所引发的能量电荷将会被控制甚至消除。这样你在关键时刻就不会受到负面情绪的干扰，如此一来你便可以清晰理智地进行思考和判断，做出符合你人生价值的选择。

4
不再为相同的事情失控

你挖掘、利用、疏导你未来设想中的能量电荷的能力越强，你就越容易控制和消除那些扰乱理智判断的潜在的负面情绪。如此，你在关键时刻才能清楚地评估和思考你所面临的选择，并做出有价值的人生选择。因此，对你来说，尽最大努力增强未来设想带来的能量电荷并使之与你的情感触发器所引发的能量电荷（即你最真实、最纯粹的财富和梦想）相结合，是极为必要的。

如何增强引导你做出真实而值得的选择的能量

我们一起来看一下关于瑞贝卡的故事,看看她是如何通过集合她最具效力的财富和梦想,以此增强她未来设想中的积极的能量的。我给这个故事取名为《没完没了,大错特错》。

瑞贝卡 18 岁就嫁给了 21 岁的布雷特。布雷特迷人又多金。没过几个月,瑞贝卡就怀上了他的孩子。知道自己怀孕后,瑞贝卡马上就辞掉了工作。她辞掉工作并不会给家里带来经济压力,因为布雷特在他父亲从事的制造业内正干得风生水起。在接下来的 22 年里,瑞贝卡把自己塑造成了世界上最尽职的母亲和妻子。然而,随着时间的流逝,布雷特对她的关注越来越少,脾气也变得越发暴躁,对她也更加挑剔了。某天晚上,他喝得酩酊大醉后回到家,把瑞贝卡推到墙上,抓着她的头往墙上撞。他还威胁瑞贝卡不准把这件事告诉任何人。不久后,瑞贝卡从一个朋友那里听说布雷特背着她与公司里的女同事偷情,这可真是朝她本已伤

第二章
驾驭能量七步法

透的心上又撒了一把盐。这几年里,他想方设法让瑞贝卡觉得她不够迷人、不够吸引人,让她觉得自己是个失败的母亲和妻子。

我跟瑞贝卡交谈时,感觉她身体里已经没有了灵魂,她好像迷失了自己。尽管如此,我还是不难发现她的智慧、她内在和外在散发的美丽,以及她的好心肠和幽默感。然而我一眼便可以看出她心底那股强烈的悲伤、愤怒和挫败感。她内心十分害怕离开布雷特,即使她明知对她来说布雷特简直就是"毒药"。总之,她被吓坏了。

当我问起瑞贝卡她为什么不在几年前就离开布雷特,她说这个念头在她的脑子里出现过"千万遍",但她"太害怕"离开了。她在22年里从未工作过,如果离开了布雷特她无法生活。看着瑞贝卡眼里的悲哀,我们可以想象一个女人美丽的灵魂以及她对生活的热爱是如何被她丈夫的暴力行为抹杀的。瑞贝卡已经不相信自己的能力、才华和运气了。因此,她极力抗拒为了更好的生活做出一丝改变,因为她害怕离开布雷特后随之而来的可怕生活,会使她无法在世上立足。

我和瑞贝卡交谈的时候,我的初衷是消除她内心那种禁锢她的恐惧,使她能够依照自己内心诚实、清晰的财富和梦想去理解、思考、做出选择。接下来的几周里,我们开始一起分析瑞贝卡的情感触发器(她的财富和梦想),并将它们列入她的梦想清单:

1. 绝不能让我的女儿们以为我与布雷特充满暴力的婚姻就是她们以后婚姻的样子,也绝不允许她们以后的婚姻像我的婚姻这样可悲;绝不能让我的儿子们以为效仿布雷特变态的行为是不会受到指责的。我必须成为一个健康、坚强的人,为我的孩子们树立一个更好的榜样。

2. 再次"发现"自己,重拾内心的坚强,有自信心、上进心、自尊心以及清晰的思路,让我重新"喜欢"并"爱上"现在的自己。

3. 做一个独立的女人,这样我永远都不必依赖布雷特,不必对他感恩戴德。

4. 为我的孩子们筑造一个充满爱的稳定的家庭。

随着不断地向她提问,给她咨询,瑞贝卡也更深入自己的思绪、心灵、精神和灵魂。因此,她可以挖掘出许多高效力的财富和梦想(她最强劲的激励因子和情感触发器)并把这些财富和梦想融入她对未来的设想和规划中,如此极大地增强了她身上的积极的能量电荷。以下是她"离开布雷特和结束与他的婚姻"后的未来设想:

1. 我想离开布雷特,结束我的婚姻。

2. 我想成为孩子们眼中积极向上、健康、坚强的榜样,再也不让他们看到（哪怕是一分钟）我与布雷特那可怕的感情关系。

3. 做最好的自己，重拾自信心，重新找回内心和灵魂里的爱和美好感受、乐观的态度和自尊。

4. 不再接受我这几年一直遭受的辱骂、恐惧、伤害、痛苦、煎熬和堕落。

5. 将来与一位善良、热心、有爱、支持我的男人开始一段充满爱和欢乐的感情。

6. 如我渴望的那样，在生理、心理和情感上重新接受自己。

或者：

1. 继续屈服、受制于内心极大的恐惧，并被困在这扭曲、可悲、痛苦的现状里。

2. 让我的女儿们和像布雷特一样的男人约会或结婚。

3. 让我的儿子们认为效仿布雷特的行为是可以接受的。

4. 给我的孩子们树立糟糕的榜样。

5. 讨厌我变成现在这个样子。

6. 讨厌我的懦弱。

7. 为自己现在的样子感到羞耻。

8. 憎恨我将最美好的时光都浪费在一个充满暴力的人身上。

9. 憎恨我的恐惧让我无法脱身去做我知道对我有益的事情——尽快离开布雷特。

将如此之多的高压情感触发器集合起来,她身上的正能量电荷暴增至最强等级,如此一来,恐惧所产生的负能量电荷就被消除殆尽了。当瑞贝卡问自己这些问题时,她内心的声音坚定地回答:"我绝不想再维持这可怕的感情了!我不愿意与他再多待一分钟!我后悔我在他身上浪费了如此美好的时光,我后悔一直忍受他这么可怕的行为!我已经完全准备好了,我已经感觉好多了!"

几周后,瑞贝卡就离开了布雷特。没过几天,她便递交了离婚申请。

今天我见到的瑞贝卡从内到外都散发着光彩。她正在一步一步成为她第一次列出财富和梦想清单时设想的自己,一个合格的母亲、幸福的女人、孩子们的榜样、专业人士……最重要的是,她成了一个快乐的人。这也是她当时毅然决然离开布雷特的动力。

她的故事中最值得我们思考的是为何瑞贝卡对未来的设想能引导她如此轻松地做出清晰、理智的人生选择,选择克服她内心的恐惧,离开她曾经那么依赖的布雷特,并极力增强自己身上有价值的能量电荷。她身上曾经因害怕离开布雷特而产生的强大的负能量电荷如今变得如此微弱，最终从她的身体里被消除掉。

所以，为了尽力确保你对未来的设想和规划中存在的能量电荷最为强大，你必须尽可能集合自己身上所有可能存在的强力财富和梦想，这样你才能将身上积极和消极的能量电荷增至最强，并将它们融入你对未来的设想和规划之中。

如何减弱那些让你重复犯错的能量

有一天，我看到我那位聪明又热心的行政助理莎莉正耐心地听着一位客户在电话那端对自己的工作大吐苦水。45 分钟后，这位客户终于消了点气，对莎莉如此耐心地听她发了这么久的牢骚表示感激。我对莎莉这样的行为敬佩有加。

见她挂了电话，我问莎莉为何愿意把如此宝贵的时间浪费在听客户的抱怨上？她回答："因为，如果客户能跟我吐露心声，说出他们的不满，内心的沮丧和愤怒将会大大减弱。这样他们稍后跟你讲话的时候，内心不会那么不满，这样就会更加清楚并专注于他们真正应该做的事情。"

"你真的太聪明了，莎莉。"我对她说。

走出情绪的死胡同

我为什么这样赞扬她呢？我们知道，特定的人、事、物，能够引发体内的情绪、冲动或者欲望，从而带来能量电荷。这些能量电荷反过来又会引发我们称之为"由情绪引发的有害的行为模式"。换句话说，这些行为模式或行为样本，无论在生理还是心理上对人都十分有害。通常情况下，这些有害的行为模式已经深深扎根于你的思维模式中，甚至成了你的习惯，导致你重复做出这样的举动。避免这种情况发生的有效方法就是负能量电荷遣散法。

发泄，使得客户们内心郁积的愤怒、沮丧、恐惧以及怨气得以消散，以免这些情绪积压到一定的程度，使他们不受理性的控制。发泄完之后，他们的头脑将重新冷静下来，思绪也更加清晰。这样他们就能更好地集中精力处理手上的事情。负能量电荷遣散法能大大减少身体里面郁积的强力的负面能量电荷，你体内积极的能量电荷能极大地削弱这些负面的能量电荷，直至将它们彻底清除。这样一来，在关键时刻你将不受干扰地清晰思考、理智判断、做出有价值的人生选择。

在你对未来进行设想之前，你需要有效地遣散一些由情绪引发的负面能量电荷。这些能量电荷有许多不同的强度等级。为了简明扼要地阐述，我们将这些能量电荷的强度分成了两类：

1.强度一般的负面能量电荷。大多数情况下,仅凭你一人之力便能有效地减弱这些电荷的效力。

2.根深蒂固的、超强力负面能量电荷。要对付并驾驭这些郁积已久的、由情绪引发的高压能量电荷,除了利用前文谈及的方法,你还可能需要寻求专业的临床医生或心理咨询师的帮助。

请回忆一下你的防御式进攻模式。

最理想的情况是,你在不得不做出某种重要的人生选择之前,有数周甚至数月的时间来建立自己的防御式进攻模式。这样一来,你就有充足的时间选择必要的方法和收集信息。如果有必要,你还可以寻求医生或咨询师的帮助。

你极力想要遣散的高效力的负面能量电荷,往往来自内心郁积已久的感情或者长期的行为模式。因此你可能需要花上很长的时间来自我反省和探讨一番,这样你才能识别、了解并且挖掘出这些负面能量电荷出自哪里,以及它们将如何对你产生负面影响。理想的情况是你对防御式进攻模式的思考让你有充足的时间有效地投入自我探索的过程中。

据推测,当你准备建立防御式进攻模式时,你同时也在做出明确的选择,即在关键时刻不再受由负面情绪引发的能量电荷的影响。在详细检查防御式进攻模式时,你已不再处于一种受有害情绪控制的状态了。因此，凭借清晰的思路和精准的判断力，你已经为在关键时刻做出有价值的人生选择做好了准备。

现在让我们讨论一下，为什么负能量电荷遣散法对你如此重要。正如巴甫洛夫条件反射试验所示，那条听到铃声就分泌唾液的狗与人的区别在于：在受到实物刺激之后，人类在选择行动或者不行动之前能够有意识地进行缜密的思考、评估和判断。

然而，当我们碰到某种深深刺激我们神经的刺激物（特定的人、事、物或者想法）时，我们往往会不假思索地选择有害的行为模式。这些由情绪引发的有害的行为模式是我们在人生的汪洋大海中航行的工具。我们的许多行为模式是为了保护我们在心理或者生理上不再受伤害才产生的。它们才是我们人生真正的剧本。这部人生剧本里有一些重要的概念：

由特定的人、事、物和想法而引发的强力的负面能量电荷，往往会让我们条件反射式地重复践行那些对我们造成极大伤害的行为模式。在很多情况下，我们的这种有害的行为模式与我们未来想要过上什么样的生活（我们的财富）以及想成为什么样的人（我们的梦想）是完全相左的。当我们不断做出错误的人生选择后，也失去了宝贵的自尊以及至关重要的自信心，我们不再相信自己能够真正实现珍视的生活目标和梦想，也不再相信我们能成为自己渴望成为的那种人。当这种由情绪触发的有害的行为模式

第二章
驾驭能量七步法

与跌到谷底的自尊心和自信心，以及你内心深处郁积的强烈不安感结合之后，一旦遇到特定的刺激物，你就会再次选择有害的行为模式。

我们再来看一个故事：

莱斯利是一位女演员。她在一部火爆的日间网络电视剧中扮演非常重要的角色，收入颇丰。然而莱斯利的职业背景让她总是怀疑有人暗中对她使坏。当莱斯利感觉别人表演时的神情和动作对她是一种不敬时，她内心高强度负能量电荷便会产生。结果可想而知，每当此时，莱斯利就会没来由地突然暴怒，不经思考地做出伤人害己的举动。

当莱斯利觉得她的经纪公司给她找的一部新剧的合同对她来说是一种羞辱时，她一下子就爆发了（尽管她的经纪人在2008年经济那么不景气的时候还主动提出给她增加片酬）。很显然，当莱斯利听到经纪公司说出新剧名字的那一刻，她内心所有的痛苦、被抛弃的感觉都迸发出来了，并将她的理智淹没。这可怕的感觉触发了她体内高强度的能量电荷，导致她做出错误的选择。她想报复她的经纪公司，并对经纪人大吼大叫。她告诉经纪公司，如果他们不给她开出她应得的薪水，月末现任助理合同到期时她就会跟另一个声名狼藉的助理签订长期合同。她知道她的经纪公司极其讨厌与这个人打交道。她这么做只是为了报复。

莱斯利这一切疯狂的举动给她带来了灾难性的后果。她的经纪公司将她从公司除名，同时立刻删掉了她在戏里的角色。等莱斯利心情平静、恢复理智后，她才意识到自己丢了工作，而且没法再找其他的工作了。她慌了，她的理智告诉她："你搞砸了一切！"起初，她让她的新助理到之前的经纪公司去重新商讨他们提供的薪水以及她的工作事宜。然而她的经纪公司非常正式地告诉这位助理："不可能！一切都太迟了。她（莱斯利）在越过底线之前就应该想清楚她的行为会带来什么后果。"

得知这个可怕的消息后，莱斯利更加手足无措了。后来她又亲自去了经纪公司，央求他们让她回去继续工作，即使不给她加薪也行。很不幸的是，她的经纪公司已经受够了她愤怒时的举动。他们告诉她的助理，他们已经"彻底不想要她了"，因为"人生苦短"。随后，他们通知莱斯利把她的行李打包，马上离开。

莱斯利受到沉重打击。在这样不景气的经济环境下，她丢了工作就别想在近期找到一份新的工作了。除此之外，她越来越不喜欢，甚至讨厌那位与她签订长期合同的新助理。这一切都是因为莱斯利内心郁积的情绪和被其触发的高效力能量电荷使她冲动地乱发脾气，而且这种伤人害己的行为发生不止一两次了！

第二章
驾驭能量七步法

好了，让我们继续谈谈你的行为模式。要明白，摆脱根深蒂固的由情感引发的有害的行为模式非常难，但是，我们仍然可以做到这一点！在这一步骤中，我们将深入研究如何成功摆脱这种行为模式。

为了便于研究，我们只着重探讨引发我们行为模式最主要的两个因素：

1. 我们的基因。
2. 我们对环境的适应力。

关于基因，我想跟你们分享以下见解。这些见解来自我的母亲——贝蒂·林德纳为记录我父亲而写下的《我心永恒：杰克·林德纳的故事》："我们的一些情感、感觉、表现、倾向，以及行为模式，都可以从我们（以及我们祖先）的基因中找到根源。也就是说，我们的这些行为特点都源自基因的遗传。"

信不信由你，我们身边有一个令人惊叹的"公开秘密"，但是大多数人很少或者根本没有注意到这个秘密的存在。我指的是一系列给我们的生活带来极大影响的重要因素。

生活就像一个 "编织出的梦想"，一个高清的梦想。我们的梦想形成于我们还未出生之时、精子使卵子受精时,以及第一个细胞的第一次分裂时。随着核糖核酸、脱氧核糖核酸、基因、蛋白质以及一些必要的化学物质的相互结合、抵消、重组这一复杂的过程的进行,我们体内部分基因变得活跃,那些处于休眠状态的基因则成了我们"个人剧本"的诞生地,剧本随着细胞的分裂而不断得以发展。

值得注意的是,那些"积极的基因"(比如莫扎特的音乐天赋)以及"消极的基因"(比如母亲和父亲身上的缺点)在这一过程中都被后代们囊括。然而,只有当一些特殊的基因被启动并且在孩子身上得到体现时,父母才知道自己身上的哪些"天赋"和"缺点"真正遗传到了孩子身上。孩子接下来继续生育后代,这一过程不断地得以重复。

这样看来,我们的基因是直系祖先们身上"现成"的东西,是由他们"传递"给我们的。因此,我们生来绝不是一张白纸。我们是数不胜数的昨天、今天和明天所形成的个人历史(想法、感情、表现和行为模式)的"传递者"。

我的母亲坚信我们的行为模式是从我们的祖先那里遗传而来的,它们深深地被刻在我们的基因里,因而得以代代相传。我非常赞同她的想法。

第二章
驾驭能量七步法

我们的行为模式同样也取决于生活中学习和经历过的东西。因此，遗传（我们的基因所赋予我们的）和环境都会对我们的行为模式产生重大影响。

我们行为模式的第二个主要来源是我们的生活经历以及我们为了生活而学习和发展的一些行为。讽刺的是，这些用于保护自己心理和生理不受伤害的应对机制恰恰是导致我们做出错误举动的防御行为模式。

为了更清楚地了解这一切，一起来看看我们是如何发展自我的行为模式，或者说应对机制的。我将通过对先前探讨过的内心深处这一概念做详细解释，来说明关键时刻你是如何在正确时间做出正确选择的。

我们都非常希望被爱、被珍惜，这种需要是我们内心最为真切的渴求。

这个说法是值得探讨的。依我看，这种需求是两个方面的：事实上我们不仅必须被爱、被珍视、被尊重，我们也必须真切地感受到父母、看护者以及其他对我们来说重要的人对我们的爱、珍视和尊重。孩子们很难明白大人的心思，因此从孩子出生时我们就应该开始以一种他们可以理解、接受的方式表达我们对他们的爱和珍视（比如最初的抚摸、温柔的声音以及让他们保持温暖）。

因此，即使父母心存善意，但如果他们无法有效地将爱以一种孩子可以理解和感受的方式传达出来，那也是徒劳无功的。随着孩子慢慢长大，他们会主动地将自己感受到的来自外界的刺激（比如父母和他人对他们的态度）理解为外界对他的看法，最终在此基础上形成他们对自我的认识和看法。

请深入理解以上的观点。很明显，感知需求在特定情况下是否得到满足，决定了一个人对特定情况和他人的看法，因而也决定了一个人之后会做出有利还是有害的选择。

孩子们的需求如何得到满足，以及他们如何主动看待别人对他们的评价，会对他们产生重大、永久的影响；最终，这些感知和想法将决定他们一生中会采取何种行为和思考模式。要理解这个概念，最好的途径便是通过想象和假设。

首先，在脑海中构建一颗想象中的孩子的心。这颗心的最深处是一个奇幻之地（这跟隐喻或形而上学中的"灵魂之宝座"或者"你以及你的行为核心之所在"等概念非常类似，就像正在思考中的大脑一般），我把这个神奇的地方称为"内心深处"。

孩子们内心深处隐藏着一颗小小的，但是极为强大的像"磁铁"一般的东西，这颗"磁铁"代表着孩子们最基本的需求。而

第二章
驾驭能量七步法

"磁铁"的主要功能就是吸收外界的刺激。

这些刺激被"磁铁"吸收后将会被贴上不同的标签：无微不至的，或者伤人的，等等。因此可以看出，孩子的生命刚刚开始时，他们的内心深处就已经渐渐被外界的种种和其他事所吸引了。

现在让我们一起追忆过去，试着回忆和想象当我们还是一个单纯的孩子时的模样——天真无邪，对一切都表现出极大的兴趣和信任；渴望受到关爱、赞同和接受；渴望在心理上快速成长起来。但同时我们对一切没有防备，对周遭的一切完全信任。因此，童年时如果父母或者身边其他重要的人让你感到被抛弃、伤害、痛苦和失望，你将痛苦不堪。所有这一切给你内心深处带来的影响是巨大的。你如何看待这些经历，决定了你会变成什么样的人，是好抑或是坏。鉴于这一点，你应该清醒地意识到，所有的孩子和成人都会经历各种不同的刺激，而他们认识和处理这些刺激的方法也各不相同。

接下来，想象一下内心深处充满着的魔力，想象在特定情况下一种东西转换为另外一种东西——氢气和氧气结合能被转化成水，水沸腾之后能转化为水蒸气，水凝固之后就变成了冰块。

同样地，当内心深处从外界同时吸收正面和负面的刺激时，它神奇地将它们转化成了不同的感觉，并使这种感觉充满整个内心深处。因此，如果内心深处感受到的爱、积极的评价，以及尊重足够多，多到冲破特定的门槛（几乎溢满整个内心深处）的话，那么就有足够的爱、自尊和自重的感情被转化成其他的感情：首先转化成自爱；接着转化成爱他人；最后，变得完全为他人着想。

被爱的感受→高度自尊→自重→自爱→爱他人→无私的爱

最理想的情况是，孩子的内心深处充满爱和被爱的感觉，他自出生之日起就从父母和其他亲人那里获得这种感觉。一旦孩子的内心深处充满爱和其他正面的感情，那些负面的刺激就无法侵入了。本质上，一旦孩子的内心深处被这些积极的情感完全浸染后，他们在生理和心理方面就变得坚不可摧，负面情绪到来时就像朝鸭子身上泼水一样，孩子丝毫不会因此受到影响。也许这能解释为什么一些孩子接触暴力影片、电视剧和音乐后丝毫不受影响，而另一些孩子却会做出有害的举动。

如果孩子的内心深处只是部分或者完全没有被父母和重要亲人给予的积极情感所填充的话，那么他们内心深处的"小磁铁"就会不加分辨地将外界的正面和负面刺激一股脑地全部吸收——当今社会重大的问题就在于我们接触到的负面刺激太多了（譬如暴力、犯罪、坏榜样等)。

在很多情况下,当孩子的父母或者身边亲近的人没有给他们被爱、被重视和被尊重的感觉时(或者孩子觉得自己无法得到这些积极的感情时),他们的内心深处就会常常不可抑制地被绝望、抛弃、背叛、耻辱、受伤、憎恶、冷漠、不安和无能为力等感觉充斥着。

除了不被爱和受伤的感受外,他们内心还会变得极度脆弱,并且十分惧怕这种脆弱被人看穿。有时候,他们会压抑自己对被爱、被重视、被赞同、被尊重的渴望(也就是说,这些渴望作为一种防御机制,在内心深处被转化后又被强迫重新放回内心深处)。此时,新的需求出现了。这些行为模式使他们感觉自己受到了保护,被赋予了强大的力量,让他们学会控制和报复。尽管也会出现一些应对机制和防御措施来弱化这些行为,但是当孩子经历一次又一次的沮丧和伤害后,他们内心郁积的负面情绪就会更加沉重。这些负面情绪将在他们内心深处被转化成为强烈的愤怒、憎恶和仇恨感。

感觉不被爱→沮丧→绝望→受伤、心痛→憎恶、愤怒、仇恨→做出有害的行为

走出情绪的死胡同
ZOU CHU QING XU DE SI HU TONG

　　这些情绪在一切缺少爱和尊重的内心滋长。当这些情绪开始发力时，它们会让那些感受过这些情绪的人做出极有害的举动并建立有害的行为模式。这些行为可能会严重伤害到他们自己或者对他人不利。有时这些举动并不一定是由他发泄的对象引发的。打个比方，一个老板可能因为跟他的妻子、孩子或者重要客户闹了点小矛盾而对另外一个人大吼大叫，对其进行羞辱。其实这个人并没有做任何让他不开心的事情。

　　很多次，我目睹一件小小的事情却引发了与之完全不相符的极其愤怒的情绪。这大概能够解释我听说的某个极端事件了：一个高中学生在学校走廊不小心撞到另外一个学生，被撞的学生立马从背包里掏出了一把口径9毫米的手枪，并将撞到他的学生射杀致死。事实上，藏于这名学生内心汹涌的愤怒就像放在小桶里的炸药，碰到火柴或者火焰就会立马引爆（就像先前我们讨论过的莱斯利胸中的怒火一样，一旦她觉得自己遭受了侮辱，这股怒火马上就会喷发出来）。

　　当父母和其他亲近的人无法让孩子在内心感受到足够的爱，当孩子无法建立起强烈的归属感以及被认同的感觉，他们就会试图寻找其他方法来满足这些需求。这些需求得以满足的后果便是他们会做出伤人害己的举动。

第二章
驾驭能量七步法

因此,进入内心深处的东西总会以某种形式抒发出来。当你的内心深处充满爱、尊重、珍惜和积极的情感以及对自己正面的认识时,健康有利的情感、选择和行为就会得以抒发。当内心深处充满负面、不健康的情感和认识时,得以抒发的便是不健康的、毁灭性的情感,以及由这些情感引发的有害的选择和行为模式。

我们一直都在体验着各种健康与不健康的经历、待遇、评价,相应地,我们的内心深处也在不同程度上被各种积极的以及消极的情感和认识填满。对很多人来说,这种偶然的结合决定了我们的行为和思考模式,甚至决定了我们处理和对待生活中的挑战时所采取的防御机制。

为了更好地阐述一个人内心深处是如何变化的,我想跟你们分享一则关于卡拉的故事。

卡拉的一位亲戚露丝找到了我。她想让我帮忙看看能不能改善在她看来是说得通,但又完全站不住脚的情况。由于我跟卡拉未曾谋面,基于露丝的描述,我做出了以下判断:

卡拉是一位 48 岁的母亲,有 3 个孩子,分别叫布莱特、格雷戈和蒂凡尼。布莱特 21 岁,最近刚大学毕业;格雷戈 19 岁,正在读大二；蒂凡尼24岁，先前一直在会计师事务所工作，最近公司裁员，她丢了工作。近来，卡拉的第二任丈夫莱恩提出要结束7年的婚姻生活，并在当晚就离开了家（卡拉的第一任丈夫史蒂夫，在与她生活9年后离开了她）。

一方面，卡拉被突如其来的情况弄得不知所措；但是另一方面，她跟莱恩夫妻不和已经很多年了。从各个方面来看，卡拉都是个聪明、有魅力且很有才华的女人；但是同时她也非常固执，在一些方面有非常强的控制欲。与她比较起来，莱恩就显得非常被动和顺从。

在孩子们的眼中，卡拉极具控制力又有损人格的行为是导致他们父母不和的主要原因。在他们看来，莱恩结束这段婚姻也是不得已的选择。最让卡拉不解的是，莱恩在抛弃她之后，她的孩子们竟然花大量的时间来陪伴他们的父亲，把她抛弃了！

失业后，蒂凡尼在这经济极不景气的年份里花了几个月的时间试图找到一份过得去的工作，然而一无所获。她的钱几乎快花光了。因此，她征求卡拉的意见，问她在找到工作前能否搬回家里，和卡拉住在一起，以此降低生活消费。自从和莱恩离婚后，卡拉一直一个人住在空荡荡的大房子里，尽管如此，她还是冷漠地拒绝了女儿对她的求助。卡拉对此的解释是，她想"一个人住"。她说她只想把钱花在自己身上，因为她要保证她有足够的钱给自己养老。

第二章
驾驭能量七步法

露丝说我的目标就是要帮助卡拉"敞开心扉",并鼓励她改变想法,让蒂凡尼回来跟她住在一起,并且帮格雷戈负担学校的花费(卡拉是绝对付得起的)。

此时,我很有必要详细阐述一下卡拉家族几代的历史。卡拉的外祖母名为格雷塔。格雷塔的父亲在她 4 岁那年就去世了。后来她的母亲将其抛弃。从此格雷塔进了孤儿院,在生理和心理上都感到自己被遗弃了。因此,格雷塔的内心深处充满了伤痛、愤怒、背叛以及不被爱的感受。从各方面来看,格雷塔都不知道怎么去爱人,怎么对她的孩子表示关心、爱护和珍视……如此,她的孩子在心理和情感上也都感觉被遗弃、遭到背叛。卡拉的母亲查瑞丝便是这些孩子中的一个。卡拉的父母后来离婚了,卡拉也感觉自己遭到了遗弃和背叛。更糟糕的是,卡拉一生都认为她的父母偏爱她的哥哥。她的父母离婚时,这种偏爱变得更加明显。因此,卡拉内心深处被更多的负面感觉填满。

前面我们就提到过,她的丈夫莱恩离开她时,卡拉开始意识到她的孩子竟然站在他们父亲那一边!此时,卡拉内心深处已经被强烈的遗弃、背叛、不被爱和愤怒所淹没。在这种一代一代遗留下的由情绪引发的行为模式的刺激下,卡拉决定不准她的女儿蒂凡尼和她同住,也冷漠地拒绝帮助她的儿子格雷戈负担学费支出。

这些强烈的极具效力的负面能量电荷完全使卡拉在关键时刻失去理智和判断能力。看来它们大部分来自卡拉内心深处郁积已久的一些感受：

1. 不断被抛弃。
2. 不断遭到背叛。
3. 没人爱。
4. 自视甚低。
5. 强烈的挫败感。
6. 生气。
7. 愤怒。

以上所有高强度的负面能量电荷都来自卡拉内心深处满满的消极、挫败的感觉。如我们先前提到过的，被内心深处吸收的东西总会以某种形式发泄出来。因此当你内心深处被遗弃、绝望、脆弱、否定、不被爱的情绪填满时，你会做出某种举动以让自己感觉受到保护、得到力量，拥有对一切进行掌控的能力。这种举动通常都以报复的形式出现。因此，为了保护自己不再受到伤害，卡拉采取了3种伤人害己的行为模式：

第二章
驾驭能量七步法

1. 争取掌控生活中的一切事物和身边的所有人。
2. 成为一个十分固执的人。
3. 从心理和生理方面压抑自己的情感，不再付出。

卡拉采取这些行为模式是为了使自己不再脆弱，不再感到无助，以此来保护自己的心灵、灵魂和精神不再受到进一步的伤害。除此之外，在处理是否让蒂凡尼跟她一起住这个问题的时候，她无情的否决表示她将内心深处被否定、愤怒、受伤和疼痛的感觉转移到了蒂凡尼身上。卡拉声称自己想要"一个人住"，并且不愿意给蒂凡尼和格雷戈提供任何帮助，是因为她说过："等到我去世那天，我的钱就是我的一切，不是吗？"很显然，卡拉的想法错在她觉得如果能把钱抓着不放，那这些钱肯定丢不了。她觉得除了钱，自己已经失去了生命中一切重要的东西。

我们稍后很快会谈到，卡拉花费九牛二虎之力运用遣散负能量电荷的步骤，最终学会了如何大力减弱她那些强力的负面能量电荷的效力，打破她那由情绪引发的有害的行为模式，因此开始做出由爱驱使的有价值的人生选择。

先发制人,将积极情感注入你的内心深处

现在我们一起来思考能量电荷的3个表现层次:

1. 能量电荷最低级的表现形式是恐惧、悲伤、孤独、受伤、愤怒以及憎恨。比如,当某人因为害怕受到惩罚而表现出恐惧,这时的能量电荷就是非常低级、非常本能的。

2. 能量电荷第二级或者说中级的表现形式就是将"报应"作为一切行为的动机。也就是说,你之所以做出某种举动是因为你希望或者期待你能因此得到好报。我相信的确存在报应这回事。因希望得到好的"报应"做出的举动比那些因为类似"恐惧"之类的情绪做出的举动更加高级。因为受恐惧驱动而做出的事情很多情况下都是"有所图"的举动。

3. 能量电荷的最高级表达形式就是做出完全无私的行为和举动。出于爱、宽恕、欣赏、尊重、感恩和同情等做出的无私举动,不是为了以后能有所回报。人们做出无私的举动纯粹是因为他们认为这是正确的,是应该要做的,而不是为了可能得到某些回报。这些行为完全是无条件的付出。

事实上,你在遣散负面能量电荷后做出的无私举动,确实让

第二章
驾驭能量七步法

你间接地得到了一些无形的好处。比如爱他人、理解和尊重他人、对他人心存同情和怜悯等。当你做出这些举动后,不仅能驱散你心中极为有害的能量电荷,而且还能让你内心深处充满积极的情感和看法。这些情感和看法反过来又促使你做出更加积极的选择。这样积极的选择不断延续下去,不断使你的内心充满高度的自尊和自信。而你也会因此做出越来越积极的人生选择。因为你在内心深处真实地感觉到自己真正做出了有价值的、提高自我的人生选择。

你内心的自我价值感越高,你就越会发自内心地爱自己。一旦你真正地从内心感觉到了自爱,你就更有可能学会宽恕、理解、爱、尊重以及同情他人和自己。因此一个阶段(使用负能量电荷遣散法)是另一个阶段(为内心深处输入积极的情感和认识)的支撑,二者相辅相成。

除此之外,当你努力尝试无条件地原谅他人并且努力地去理解、尊重、欣赏以及爱他人,并对他人表示同情和怜悯时,你就会发现你所做的一切都会给你极大的回报。它们使你放松且有效地遣散你身上的负能量电荷,停止由情绪引发的、有害的行为模式。

正如有些人所说的,带着虔诚的心,让你身上散发出爱和光。学会发现、欣赏并祝福他人心中的爱、光和善!如此每个人内心都会充满爱和光!

走出情绪的死胡同

遗传性的、由情绪引发的有害行为模式

我们在前面的章节中讨论过，由情绪引发的有害行为模式有两大来源：基因遗传以及我们自身的生活环境。

我们也谈到过，某些特定的由情绪引发的负能量电荷和由此引发的有害行为模式是很难根除或者化解的，因为它们深深扎根在我们的脑海中和内心深处。我碰到过很多例子，前面我们也提到过几个。从这些例子中我们发现，一个人由情绪引发的有害行为模式以及随之而来的极为强烈的能量电荷是几代人共同作用的结果。除此之外，从这些例子中我们还可以看出，这些极为强力的负面能量电荷以及生活中让他们痛苦不堪的受伤、痛苦、生气、被羞辱、被拒绝、不受尊重的感觉全都来自他们自身的基因特质。

在思考这些极为复杂的问题的同时，让我们一起来通过卡拉的案例，研究如何遣散心中由情绪引发的负面能量电荷。

通过仔细研究我是否能够帮助或者已经帮助卡拉学会如何处理内心根深蒂固的情感问题，你将会深刻了解你自己或者你的治疗师、心理咨询师是如何通过使用负能量电荷遣散法让你的内心充满对他人和自己的理解、宽恕、同情、怜悯和爱，从而极大地

第二章
驾驭能量七步法

削弱你内心郁积已久的负面能量电荷的效力的。

请仔细观察和思考卡拉的过去对于她的重要性。同时请注意当她努力做出正确的人生选择时,哪些行为的出现使得这种愿望落空。这种观察使我们对负能量电荷遣散法有了深刻的认识,是遣散强烈的负面能量电荷的主要手段:

1. 你是什么样的人,你有着什么样的家族历史。这也是识别你身上最纯粹的财富和梦想重要的方法。如我们先前所讨论的,识别你身上由情绪引发的某些伤人害己的行为模式和表现形式是至关重要的。这些行为模式和表现形式将导致你做出有害的人生选择。找出这些行为模式的根源,找出它们是受谁的影响以及消除它们对你的负面影响,将对你大有裨益。

2. 其他行为的根源。从下面的案例中,如果你知道并能理解为何某些时候会出现某种特定的行为并理解它们的历史由来,你会明白遣散阻碍你做出人生选择时出现的负面能量电荷是一项长期的工作。因为知识来源于了解,了解带来欣赏和认识,欣赏和认识会使你充满同情心和怜悯心以及理解之心。一定的时间后,这些情感将使你变得宽容。一旦你真的有了怜悯和宽恕之心,你就能感受到爱,也就能爱他人了。

你会发现，这种不断进化的过程将赋予你巨大的力量，使你冲破阻碍、解下控制你理智的桎梏。以下是进化过程的简明图：

负能量电荷遣散法（由情绪引发的有害行为模式消除法）：

认识他人
↓
理解他人
↓
欣赏和尊重他人
↓
对他人产生怜悯和同情
↓
宽恕他人
↓
爱他人

负能量电荷遣散法能够让我们更加理解他人并且了解他们的处境，因此总能引起我的客户以及向我咨询过的朋友们的共鸣。下面是在我小时候发生的一件事。

第二章
驾驭能量七步法

在我 10 岁那年,有一天,我和朋友盖瑞一起前往曼哈顿观看纽约尼克斯队参加的篮球比赛。我们决定去一家快餐店吃饭,那家店有大杯的饮料、大分量的汉堡以及浇满美味酱汁的超大包薯片。买完吃的后,我和盖瑞一边聊天一边拿着装满食物的托盘往座位走去。突然有人撞了盖瑞一下,他餐盘里的食物全掉在了他的裤子和鞋上。盖瑞气急败坏地大声朝那个人吼道:"你是白痴吗?"

当那个人转过身来的时候我和盖瑞尴尬地发现:她不是"白痴",她是个盲人!

我和盖瑞满心愧疚地向那位年轻的女士道歉。她非常善良,马上就原谅了我们,还说撞到了盖瑞是她的错。这件事给我上了宝贵的一堂课:我明白了受到情绪驱使时,在做出选择之前,先了解他人的处境有多么重要。

在使用负能量电荷遣散法的过程中,通过深刻地自我探索与对他人的理解,你能够更加轻松地削弱甚至消除你内心深处郁积已久的由负面情绪引发的能量电荷的效力。

这场景就像朝冰冻已久的水面上撒盐一样。盐使冰块融化,正如理解、尊重、同情、原谅和爱能够使冰冻的内心、灵魂和精神融化一样。一旦这些"冰块"开始融化,要将它们从你要经过的"车道"和"人行道"上去除就非常容易了。

同理,通过有效地探索和对别人的尊重、理解和同情,你内心深处的伤痛和对他人的抵触也会慢慢被融化,这样负面情绪的效力和作用也被极大地削弱了。

前面我们了解了理解、尊重、同情、宽恕和爱是如何有效地遣散负能量电荷的。下面,我们还将讨论它们如何助你打破体内根深蒂固的行为模式的枷锁。

卡拉的痛苦

让我们回到卡拉的案例上来。我还没有为她提供过咨询。你们肯定还记得,卡拉觉得她生命中所在乎的人全都抛弃了她,因此,她做出了一些极为有害的举动来保护她的内心深处不再受到伤害,不再感受被抛弃、被拒绝的失望和痛苦。

如果我有机会能跟卡拉好好谈谈,我利用负能量电荷遣散法的目标将会是:

第二章
驾驭能量七步法

1. 帮助她弄明白并且理解这些遗传性的由情绪引发的有害行为是如何产生的，告诉她这些行为极有可能是通过基因遗传到她身上的，并向她讲明这些行为模式和其他一系列后续无益的行为将怎样影响到她的生活。

2. 帮助她打破遗传行为模式的禁锢，使她不再因为感觉被抛弃、被背叛、不值得被爱而条件反射式地做出反应并继续做出以下举动：

（1）抛弃或者背叛他人。

（2）不再爱他人，不再对他人产生同情心。

（3）不允许自己接受他人的同情和爱，不允许自己付出同情和爱。

（4）成为一个控制欲强、固执、一心想要保护自己不受伤害的人。因而在面对她原本拥有并且能够享受的幸福和爱的时候不敢敞开心扉去接受。

卡拉内心深处的负面情绪如此根深蒂固，以至于由这些情绪引发的能量电荷极其强大。此外，她内心的抵触情绪十分强烈，一般强度的负能量电荷遣散法可能无法有效地解决这些问题。因此，她最好能跟一个与自己合得来的专家一起对付这些问题。专家能够帮助她认识并且理解她的过去，让她明白自己是如何受过

129 ▷

去经历的影响而产生有害的行为模式的。通过这种理解和认识，她就能学会遣散内心郁积的高效力能量电荷了。

我会采用以下几个步骤来遣散卡拉内心潜在的极其强大的负能量电荷：

1. 与卡拉讨论使她深受其害的可怕的行为模式，让她明白自己的这种行为模式是由她的父母以及外祖母遗传的，同时让她自己了解这种行为模式将给她和她的家人带来极坏的影响。

2. 让她明白她的这种行为模式包含几个方面：她认为并且感到自己被抛弃、被背叛、不被人关爱。同时让她了解她因此而采取了抛弃和背叛他人并不对他人表现出任何关爱的行为模式。

3. 与她讨论她内心根深蒂固的由情绪引发的极具效力的能量电荷是如何控制她，使她在关键时刻无法正确思考，无法根据自己的理智进行判断；告诉她，她在做出关键的人生选择时所做出的欠缺考虑的举动都是她内心那些受伤、痛苦、被拒绝、不被关爱以及愤怒的感受导致的。

4. 让她深入认识并理解她的家人那种愤怒、痛苦、憎恨、孤独、空虚的心态都是因一些遗传性的、由情绪引发的负面能量电荷导致的。

第二章
驾驭能量七步法

5. 使她意识到她内心极不情愿成为像她那些内心被愤怒、苦闷、空虚、迷茫填满的家人一样的人。

（我发现卡拉的许多家人深受负面情绪的伤害。他们内心的不满和愤怒不断郁积，最后导致身体出现癌变。我知道卡拉非常在意自己的健康，如果我能够帮助她清楚地认识到如果继续让这种有害的行为模式影响她的内心，她极有可能因此患上重病的话，她内心想要保持健康的欲望带来的强力能量电荷有可能激励她打破有害的行为模式。）

6. 帮助卡拉意识到她的祖辈们都是这种有害行为模式的受害者，他们意识不到也无法控制他们的行为，他们其实也需要同情和理解。

7. 使卡拉认识并接受这一事实：她应该原谅她的祖辈和还在世的家人们，因为他们不知道自己的行为所带来的后果，就像她不知道自己的行为造成了何种后果一样（有可能的话，希望那些曾因为她的毁灭性行为而受到伤害的人也能原谅她）。

8. 使她明白只有杜绝这种伤人害己的行为模式的出现，她才能学会去爱、去同情他人，并且真正开始感受到自己值得被爱、被同情。我还会极力使卡拉学会去爱和接受他人的爱，因为在她那充满负面情绪的内心深处隐藏着一个渴望爱他人和被他人爱的灵魂（卡拉最纯粹、最具效力的财富）。

9. 使卡拉彻底领悟并相信，尽管她遭受了如此多的痛苦、伤害、拒绝，她也绝对有能力终结负面情绪带来的可怕后果。要让她清晰地明白这一点有个很有效的方法：建议她效仿泽尔达姨妈的行为。泽尔达深受卡拉的尊敬和爱戴，对卡拉来说，她就像母亲一样。泽尔达曾经也像卡拉的母亲一样深受有害的遗传性的行为模式的影响。然而，她很早就认识到自己母亲有害的行为模式会造成怎样可怕的后果。因此，她坚定地警告自己绝不能走母亲的老路。通过不断寻求帮助和治疗，泽尔达建立了属于自己的温暖的家庭——这是卡拉一直以来的梦想。卡拉跟她的前夫莱恩在一起的时候她就梦想有这样温馨有爱的家（更多的财富）。

10.告诉她并帮助她认识到她是一个美丽、健康、聪明、多才多艺的女人。她能够拥有幸福的生活——她所渴望的充满爱的温馨的生活，只要她能够认真执行驾驭能量七步法。

11.告诉卡拉如果她能够敞开心扉并改变自己对某些事物的看法，她将得到孩子们全部的爱和陪伴（她最纯粹的财富和最强烈的情感触发器）。如果她能够成为一个心胸宽广、有爱心、充满同情心、愿意付出、心存感激的人，她将很快就会收获一段健康的感情，对方会因为她的美好品质而被她吸引、爱上她，并且永远陪伴她（卡拉更多的财富）。

我们之前讨论过，一旦她内心深处的负面能量电荷被消除，

第二章
驾驭能量七步法

她内心对于未来的设想和渴望，极有可能将引发她做出可怕举动的负能量电荷清除干净。因此卡拉将不再受由情绪引发的有害行为模式的毒害，她的内心将恢复平静，她的感情和生活也将越来越好。关键是卡拉需要寻求专业人员的帮助，帮助她认识并理解她遗传性的有害行为是如何一步一步将她摧毁的。

我们因此而认识到：只有充分了解、认识、理解你的家庭背景和相关家人的生活背景，你才能消除在关键时刻让你丧失理智的极具效力的能量电荷。如果你能清晰地洞察你体内由情绪引发的负面能量电荷是如何影响了你和你关爱的人的生活，那么，你便朝着克服这些有害行为模式的方向迈进了一步。

卡西的偷盗

卡西是我最近才认识的一个女孩。她那由情绪引发的有害的行为模式跟卡拉十分相似，甚至更加严重。我们先来看看让她饱受煎熬的家庭背景。

卡西生活在东海岸的一座城市里。她17岁了，有3个哥哥。她的哥哥兼最好的朋友萨姆，要比她大很多。在卡西看来，萨姆是她生活里唯一爱护她、关心她、在乎她的人。她几乎是萨姆一手养大的。萨姆娶了凯瑞，一个善良又乐于付出的人。他们的生活很幸福。卡西的外祖母在卡西的母亲才6个月大的时候就将其抛弃了。萨姆听一位亲戚说,外祖母当时的情绪不大稳定。卡西的母亲整个童年未曾感受到任何关心和爱护,不论是来自她的母亲还是周围与她一起生活的人。

卡西的母亲在18岁时嫁给了威廉姆。她曾经公开承认她嫁给威廉姆仅仅是为了逃避她在寄养家庭的可怕生活。结婚后,她生下了4个孩子,卡西是最小的一个。

萨姆说,母亲对卡西一直都非常冷漠。事实上,萨姆从来没有见到过母亲抱着卡西、给她拥抱或是亲吻她。直到今天,一旦有人试图给卡西拥抱,她的身体立即就会变得僵硬并开始发抖。萨姆说,卡西自出生起,就在生理和心理上被母亲抛弃了。更为糟糕的是,萨姆和他的两个弟弟得到了母亲的一些关心和爱护。萨姆认为母亲这种重男轻女的行为可能来源于她那个年代的文化,即认为男孩子更加优秀,更加值得被疼爱。卡西难过地说:"男孩子们被当成王子一样服侍,可对待我却像对待灰姑娘一样!"

与萨姆深入交谈后,我发现某些时候,卡西母亲的行为会让万分愤怒的卡西做出糊涂的举动。很显然,卡西太生气、太愤怒了,很多时候她无法看清事实,也失去了一切理智。这一切也致使她做出伤害自己的行为。有一次,她让卡西生气了,结果卡西

第二章
驾驭能量七步法

立刻怀上了她那有暴力倾向的男朋友的孩子。不久,面对母亲冷漠无情的举动,卡西选择了自杀。但是吃下大量的安眠药后,她立马给萨姆打了电话。萨姆火速将她送到医院进行抢救。

最近,一旦卡西的母亲做出完全不替卡西着想、不考虑她感受的举动,卡西立马就会暴躁起来,对身边所有的人大喊大叫——包括萨姆。一次喊叫后,她走进一家商店,因为偷衣服而被抓了起来。当警察通知卡西的母亲去警局担保,以使商店撤销对卡西的指控时,她拒绝了,并坚决地说:"让他们把她关起来!我不会帮她的!"最后萨姆跑到了警局,跟店主和解后才带回了卡西。

从以上事件中,我们可以看出:

1. 从某种意义上来说,卡西已经彻底被她的母亲抛弃了。因此,她内心郁积了强烈而绝望的情感。这些情感一旦被点燃,她内心就会被愤怒和怨气填满,导致她不断做出伤害自己和他人的行为。

2. 怀孕、自杀、偷窃,很明显,卡西是在通过这些行为来引起母亲的注意,希望能因此得到关爱,而她的母亲却从来没有那样做过!结果卡西内心被抛弃的感觉越发强烈,她内心的失落和绝望感更加深重了。她的心情跌到了谷底,她觉得自己更加没人爱、更加没有自尊心了。

3.在卡西还没进行下一轮更加疯狂的行动之前,她急需得到解救。

卡西企图偷盗珠宝事件发生后,萨姆立马找到了我,希望得到我的帮助。听萨姆讲完所有的事情后,我脑中第一个想法就是卡西需要去看神经科医师和心理医生,检查她疯狂的举动是否是脑内的一些化学物质失调导致的。萨姆说他马上安排卡西跟医生见面。同时,他问我是否能帮助她的妹妹?毋庸置疑,如果由我来给卡西做心理辅导的话,我肯定会用到负能量电荷遣散法。卡西内心郁积的负面情绪在她体内产生了威力极为强大的能量电荷。我们需要立刻把这些能量电荷驱散。

在交谈之初,卡西对我还有所保留,没有完全向我透露她的身世背景。随着交谈的深入,她开始畅所欲言。她与我分享的一些事件刚好跟萨姆讲述的相对应。我的首要目标就是让她明白为何她的母亲会这样对她,让她知道她的母亲的行为并不是针对她个人,而是因为她母亲童年时没有得到母爱。如果能够了解并理解她母亲所经历过的可怕童年,卡西就能在理智上对她产生同情心。一旦她在心理和情感上都准备好接受她的母亲,那么她就能从内心深处真正接受她的母亲对她的所作所为了。一旦这一切得

第二章
驾驭能量七步法

以实现，假设没有任何脑内化学物质的阻碍，卡西内心强烈的负面能量电荷就会开始消散。为了更好地研究负能量电荷遣散法的运作过程，我将利用卡西的案例列出负能量电荷遣散法的4个主要手段：

1.卡西需要在理智上和情感上认识并理解她的母亲6个月大时就遭到遗弃，从此再也没有得到过任何人的疼爱、关心和照顾！因为这种惨痛的童年经历，她的母亲没有学会去爱别人。这一切跟卡西是否值得被爱、被喜欢，跟她的能力、天赋没有任何关系。而且她母亲这种可怕的行为绝不是由卡西引起的。很显然，这种行为是在多年前她的母亲还是孩子时就已经产生了。因此卡西很有必要理解母亲因为痛苦的童年经历而导致的爱无能以及对一切漠不关心的态度和行为。

希望卡西通过对母亲的认识和理解能够对她产生同情，并从内心里原谅她（尽管她的母亲现在仍然不会给她关爱、为她付出）。卡西内心的理解、同情和原谅之情还起到了意想不到的作用，使大量的能量电荷得以消散。

2.卡西需要立即停止为引起母亲注意而进行的有害行为。她也不应该继续因为跟母亲的这种关系而在心灵、精神和灵魂上饱受失望的煎熬。为了实现这一切，卡西必须理解，并在理智和情感

137

上接受这个事实：试图从她的母亲那里获得关爱如同从石头身上引血，是绝对不可能的！另外，如果她还期待她的母亲会给她丝毫关爱，她会感到非常失望的！

很显然，从理智和情感层面上去实现这一切对卡西来说是万分痛苦的，但一旦她做到了，就将有可能不再追逐不可能得到的结果——她母亲无私的爱，因而也不会再受到伤害了。

这个过程是专为遣散卡西由情绪引发的负面能量电荷而设置的，目的在于帮助她真正学会使用"驾驭能量七步法"。

3. 我会和卡西的母亲会个面，看看能否帮助她驱散内心深处郁积已久的负面感受。如果能消除一部分，她或许能逐渐学会关心、爱护并照顾卡西。哪怕能有一点点的回报，我的付出都是值得的。

另外，一旦卡西内心充满对母亲的同情，并在心理和情感上都准备好接受母亲，她便可以开始通过关心她极度缺爱的母亲、给母亲温暖和爱护，来向她展示如何去爱。一旦这种信息有效地传达出去，她们母女因缺爱而冰冻的内心就会慢慢融化，并开始打破她们各自遗传的有害的行为模式。

4. 我将确保萨姆和凯瑞在这样煎熬且关键的时刻能够陪在卡西身边，因为他们是卡西生命中能让她感受到爱的人。另外，如果有其他关心她、支持她的亲戚或者朋友，我也会将他们召集起来陪伴卡西。这么做的目的是让卡西内心充满爱和其他积极的正面情绪，让这些美好的感情代替她内心郁积的大量的负面情绪。这一切都将有助于驱散让卡西做出毁灭性举动的负能量电荷。

学会理解、同情并且原谅那些曾经做出可怕的举动而对你造成伤害的人，你就能在关键时刻遣散郁积于你内心深处的强大负面能量电荷。一旦这一过程得以完成，你就有可能不再做出伤人害己的人生选择，而做出有价值的人生选择。

菲利普的坏脾气

菲利普无法控制自己暴躁的脾气，因而向我寻求帮助。他首先要解决的众多问题之一就是他开车时的坏脾气。有一次一辆车抢了他的车道，菲利普怒气冲冲地跟这辆车斗了 20 多分钟气。菲利普说他为了"教训一下司机"，每行驶 5 英里就开出车道装出要撞那辆车的样子。

还有一次，菲利普和他的妻子简去商场选购圣诞礼物，商场地下停车场的停车位所剩无几，司机们都在左顾右盼地寻找车位。半小时后，菲利普和简还是一无所获。菲利普的耐心一点点被磨没了，就在这时，他们看到有人走到前面车位里的一辆车旁，并打开了后备箱。这简直是一片"希望之乡"啊！菲利普和简焦急地等待着车主将购买的商品从购物车上搬进后备箱，然后又看着她将孩子安放在车子里，这时菲利普已经有点坐不住了。终于，车主坐进了车，启动车子，开始倒车。当菲利普刚踩油门准备进入车位时，突然闯过来一个陌生的女人，她以迅雷不及掩耳之势占领了菲利普和简苦苦等待的车位。菲利普怒气冲天，跳下车就开始冲着车主大骂起来，那些话简直难听至极。那位可怜的女人吓得呆坐在车里。菲利普还不罢休，愤怒地拍打着她的车门，威胁着要打死她！

商场的保安和简想尽了一切办法让菲利普平静下来。这时，菲利普突然感到胸腔内传来一阵剧痛，他一下子跪在地上，简吓坏了。很快，他们将菲利普送到当地的医院，幸好他只是犯了心绞痛。自从那次事件后，菲利普和简开始向我寻求帮助。

刚接触菲利普时，我发现他性格很温和，也非常开朗。我从其他人那里得知，他是一个非常称职的父亲和丈夫。问题是，一旦他感觉有人错怪或不尊重他，他就会不由自主地暴怒（就像我们之前谈到的莱斯利一样）。简偷偷告诉我，一旦他发现有人对他不敬，"他内心某种东西就失控了，你可以在他的眼睛里看到。一瞬间他就会被怒火团团包围"。因此，简最害怕的就是未来某天菲利普会因此"发疯"，不假思索地对自己、对错怪他或不尊重他的人做出极其可怕的事情。

第二章
驾驭能量七步法

在跟他们交谈之前，我告诉菲利普和简，除了接受我的心理咨询之外，菲利普还应该去拜访一下专业的神经医师，看看他暴躁的脾气是否因脑内化学物质的失调或者不正常导致。

一开始我便让菲利普仔细地回想，为什么一旦有人错怪他或者不尊重他，他就会变得如此愤怒，为什么他觉得必须报复对方。等他说出他最初的想法后，我让他在接下来的几天或者几周内花充足的时间弄清楚他的愤怒都缘何而起。

两天后，菲利普对我说，他觉得一旦有人不尊重他——让他"气不打一处来"，他们就必须为此付出代价。事实上，因为他们的行为使菲利普在心理和生理上遭受痛苦，他觉得自己必须报复。

接着我又让他仔细想想为什么当他觉得自己不被尊重时，他要做出如此激烈的反应。菲利普回答说他曾经也跟简就此进行过深入讨论，他能想到的"只有"他的父亲经常用手，甚至用皮带抽他。而且他的父亲从来不听他的解释，从未尊重过他。因此他非常厌恶他的父亲。

这就对了！我心想。不用弗洛伊德或埃里克森那一套理论我们也能找到菲利普愤怒的部分根源。问题是菲利普汹涌的愤怒太过强烈，一旦这些愤怒被引发，他就失去了理智思考和清晰判断的能力。因此，要极力减少这些超强的、潜在的能量电荷并对它们加以控制，我们首先必须遣散由他的有害行为模式引发的能量电荷。

脑子里想着这些方法和步骤，菲利普下一次的作业便是花费足够的时间完成他的财富和梦想清单。

他花了大约3周的时间完成他的清单：

1. 做一个善良的人，做到谨言慎行。
2. 做一个称职的、有爱的父亲和丈夫。
3. 不在生气或愤怒时做出选择。
4. 营造出温暖、有爱的家庭环境。
5. 绝不像父亲对我一样对待我的孩子；给孩子们关爱和尊重，而不是蔑视、暴力和威吓。
6. 摆脱内心愤怒和憎恶的控制，过平静的生活。
7. 继续在公司发展，给我的家庭提供稳定的物质来源，这是我的父亲从未给我和我的兄弟姐妹们提供过的。

在与菲利普讨论他的财富和梦想之前，我需要大量减弱他体内潜在的负面能量电荷的效力（更专注于负能量电荷遣散法）。因此，我们对以下内容进行了详尽的讨论：

第二章
驾驭能量七步法

1.为了便于我们的心灵探索,我们假设菲利普发脾气的对象都对他无礼且不尊重。

2.如果菲利普因为这些冒犯他的人的无礼举动而做出伤害自己的事情(比如因急火攻心而突发心脏病或者更糟)或者做出伤害他深爱的妻子和孩子的事情(比如他心脏病突发去世或者因故意伤人而进监狱,这样他们就失去他了),那就太可悲了。

在我们交谈的过程中,我尽可能让菲利普专注于并且清楚地认识到他潜在的有害行为将带来怎样可怕的后果(让他学会预测后果)。最终,菲利普彻底认识到,从大局来看,冒着失去健康、生命、自由、家庭和工作的危险去报复一个无礼的人简直太不值得了(他的情感触发器)。除此之外,他还赞成他最纯粹的财富——"做上帝的子民"意味着当遇到恶人时,他应该远离他们,而不是极力去伤害他们。

接着我告诉菲利普,他其实有能力重塑自己的行为,让他的行为符合他内心诚实的需求(他的财富),并助他成为他想要成为的人(他的梦想)。他有意识地选择打破他的父亲和祖父身上那种由情绪引发的有害行为模式就是这一点的有力证明。菲利普并未传承他父辈那种受情绪控制的可怕行为,而是有意地选择成为一个细心、对孩子呵护备至、从不打骂孩子、值得尊重的

143

好父亲。

因此，如果菲利普能够有意识地选择执行并且成功将他对自己孩子的态度放大到他人身上，以此来消除有害的遗传性的行为模式，即使遇到冒犯他的人，他也能耐心对待了。很显然，这是他需要打破的第二种遗传性的、由情绪引发的有害行为模式。

当菲利普真正地认识到并且彻底相信他有能力打破这些行为模式后，我们把这些行为模式的个中缘由又回顾了一遍。这一次菲利普更加关注以下关于遣散电荷的3个概念，这3个概念将他的情感触发器和能力囊括其中：

1. 受到熟人或者陌生人的激怒或冒犯时，冒着失去自由、家庭、健康和幸福的危险而大发雷霆是完全不值得的。

2. 作为一个想要"尽职"的"上帝的子民"，他在面对可能伤害他的情境时应该学会转身离开而不是因情绪失控而身陷其中。

3. 他拥有打破父辈遗传下来的有害行为模式的能力，这种能力他之前就成功使用过。因此，他必须再次把握好这种能力来打破目前面临的可能会威胁到他的生命、事业和家庭的行为模式。

第二次见面时，我问菲利普他是否同意他祖父对他父亲的肆意辱骂，以及他父亲对他的打骂其实都反映出他们内心郁积已久

第二章
驾驭能量七步法

的巨大的痛苦和煎熬。菲利普想了许久后答道："绝对是这样！"

接着我又告诉他："如果你真的觉得你必须看到那些冒犯你的人为他们的所作所为'付出代价'，一定要记住他们的无礼行为反映出他们内心觉得自己是多么糟糕。一旦他们内心平静下来后，他们就会对自己的所作所为感到自责和羞耻。所以别担心！他们这样对你只是因为陷入自己负面的情绪里无法自拔而已。"

我知道菲利普是个慈悲之人，他的确是想遵照上帝的意愿行事。片刻之后，我又给他这样的建议："菲利普，我有个更好、更成熟的解决方法。当有人对你不敬时，你不应该对他们发脾气，或者想方设法对他们进行报复，你要做的应该是试图理解他们，同情他们，并站在他们的角度想想，他们无礼的举动实质上反映出他们内心正遭受极端的痛苦和怒火的折磨。"

随着时间的流逝，菲利普对于这一概念思考得也更加深入，我可以感觉他的心正慢慢地打开，怜悯之情正慢慢注入他的内心。这种感情将成为遣散他内心负面能量电荷的有效工具。

我跟菲利普交谈的目的不仅是让他认识到排解内心的不满或愤怒是必要的，而且更重要的是要让他未来碰到这些情形时，不再感到愤怒，因为"怀恨在心的人最终伤害的是自己"。为实现这两大目标，我将努力使菲利普学会理解他人，对他人心存怜悯，并能将心比心，推己及人。这些情感能够融化他内心的不满和愤怒，并最终温暖他冰冷的内心。幸运的是，这些菲利普后来都做到了。

紧接着我又告诉菲利普，即使是轻微的怒气也可能导致严重的后果。他上次在商场车库怒气冲天突发心绞痛已经算是非常幸运了。因此受他人以及他们无礼行为的影响而动气，对他的健康是极其不利的。最有益身心的做法便是带着理解和同情来看待这些让人厌烦的人和行为，且不要把这些放在心上！

我利用菲利普身上最为纯粹的财富和最为强烈的情感触发器，激励他不要把他人的无礼行为放在心上。至此，我们结束了初步的深入交谈。知道菲利普会开车回家，我告诉他："菲利普，不要忘了，如果你想成为'上帝的子民'，那么在极端情况下仍然能保持对他人的理解和同情之心不正是上帝的意愿吗？"

"是的，太对了！"菲利普非常赞同。

时间一久，我发现菲利普看待事物的方法有了很大的改变，他发自内心地想要打破他身上遗传的、由情绪引发的有害行为模式，真正地做一个"上帝的子民"，同时像他的财富和梦想清单中所设想的那样，成为一位对家人呵护备至的丈夫和父亲。我们的交谈有效地遣散了他身上由情绪引发的有害行为模式的效力。这样的话，我和他就可以开始构建他的防御式进攻模式以及对他

第二章
驾驭能量七步法

的未来进行设想和规划了。一旦顺利实现这一切,菲利普身上的高效力正能量电荷在关键时刻便能驱散他那负面情绪带来的负面能量电荷。

让我们一起来回顾菲利普的负能量电荷遣散法是如何运作的:

从菲利普的财富清单中我发现,菲利普身上最为强劲的情感触发器之一是他想要成为"像上帝般仁爱的人"的炽热渴望。这意味着理解以及同情他人是菲利普想要习得的主要品质。他还希望跟孩子们建立温馨、相互关爱、彼此尊重的父子关系,并成为他们的榜样。这表示他想要打破那些容易使他变得不满、愤怒、刻薄甚至做出有害行为的遗传性行为模式的枷锁。事实上,菲利普希望自己成为一个与他经常暴怒的父亲和祖父截然不同的人。

此外,作为一个尽职的丈夫和父亲,菲利普一直都在努力给家庭带来稳定的收入。因此,他非常清楚一旦他因为不满、愤怒、刻薄而故意伤人被判入狱或者突发心脏病住院或去世,哪怕仅仅是因此成为孩子们眼中的坏爸爸、丢了工作等,都将让他失去他最为珍视的东西。

在财富清单的最后一条,菲利普说他非常渴望消除内心郁积的不满、愤怒和伤害。要实现这一点,只有将他内心因他的父亲和祖父而受到的伤害、痛苦、绝望、不敬之感全部抽离出来，以关爱、善良、呵护、理解，以及所有"上帝的子民"需要具备的特征来取而代之。

深入了解了菲利普最珍视的财富和最能激励他的情感触发器，我便能向他灌输一些能引起他共鸣的，让他从理智和情感上都为之感动的价值理念。我帮助他寻找财富的想法（这些都是他身上强劲的情感触发器）深深地触动了他的内心，并在他的内心引发了强效的能量电荷，利用这些强效的能量电荷，他便能驱散体内曾经由情绪引发的有害的行为模式带来的能量电荷。如此一来，完成对未来的设想和规划之后，菲利普的思路变得清晰，他理智的判断力得以恢复，他的内心充满了"上帝般"理解他人、同情他人、关爱他人的特质。如此，他再也不会受到情绪问题的干扰了。

5
为自己制定一份神奇的备忘录

⌄⌄
⌄

　　备忘录,要在"关键时刻"来临的时候做。从理论上说,它可以使你有充分的时间来回顾自己的心路,这将大大提高你"忍得住"的功力。如果你希望自己的最终选择正确、明智,甚至能改变以后的人生,那么在做决定之前,花些时间仔细地复习一下备忘录,是非常有必要的。

　　除此之外,在做出人生选择前,你得确保自己的财富和梦想没有发生新的变化,也没有任何其他因素干扰你的关键时刻。现在咱们来聊聊关键时刻吧!备忘录能让你把"小备忘们"牢记于心。

备忘1：人生面临选择时，保持头脑清醒

当你感到情感失衡，或者被负面情绪能量电荷吞噬时，不要轻易做出人生选择。

首先，当你生气、愤怒、害怕、受伤或穷困时，不要轻易地做选择；当你遭受抛弃、背叛，觉得情感受挫、人生无望时，你需要先平静下来，放松心情，直到你浏览关键时刻备忘录时能恢复理智思考。

时刻记住一点：当你生气、愤怒、害怕、受伤或穷困时，草率地做出重要的人生选择，后果是难以预料的；当你觉得遭受抛弃、毫无希望、情感失衡时做出的选择很可能导致你自暴自弃。这一点在我们之前提到的莱斯利和贝斯的故事中都已经得到了验证。在莱斯利的案例中，她觉得自己被经纪公司"压榨"而怒火中烧，大发脾气，因而丢掉了自己那让人羡慕的工作。除此之外，她一气之下还与一个名声不好的经纪人签了长期合同。

正是因为在关键时刻，莱斯利在被负面情绪带来的高压能量

第二章
驾驭能量七步法

电荷完全蒙蔽的情况下,做出了两个草率的人生选择,才导致了悲剧的发生。现在再回首这件事,如果当初莱斯利了解"驾驭能量七步法",我敢保证她不会丢掉工作。

回想一下贝斯的案例,尽管她清楚地知道在确立正式的恋爱关系之前需要给肯特时间和自由,可她还是不断地向对方索求关怀和承诺,结果逼得肯特连喘口气儿的机会都没有,最终知难而退。

事后当贝斯能够更冷静理智地看待这件事时,她才恍然大悟,自己做了一件令人后悔莫及的蠢事,那就是亲手将自己的爱人越推越远。这正是因为在关键时刻,由于缺乏安全感、感情受伤、被冷落无望的感觉产生的负面能量电荷吞噬了贝斯,让她丧失了判断力和理性,直接导致她做出了不明智的选择。

备忘2:铭记过去做出的那些愚蠢的决定,并从中吸取教训

在做选择之前,仔细反思过去在相似的情况、相似的心境(生气、受伤、难过、缺乏安全感、无助、被抛弃或者情感失衡)下曾犯过的错误,认清当时自己是如何被负面情绪吞噬并做出错误选择的。眼下你需要做的就是打破恶性循环,积极应对。

走出情绪的死胡同

在脑海中重现你上一次甚至前几次做出的适得其反的错误选择,当时的你和现在一样(生气、愤怒、感觉不被尊重、害怕、受伤、遭受背叛、穷困、被抛弃或者感觉人生无望),面临类似的状况你是什么样的反应(我的反应是生气、暴怒、受伤和害怕)。采取一些更正面的回应吧!

我们来回顾一下莱斯利、比尔、布兰登和贝斯的案例吧。这些人的共同之处是他们陷入了同样的恶性循环模式——不假思索地做选择,再次面临相似状况时行为一成不变。

1. 在莱斯利的案例中,无论何时她感觉到自己不受上司的尊重,她都会立刻反击,甚至对其采取报复措施。

2. 在比尔的案例中,无论何时有人在工作中激怒他,他都会恶语相向。

3. 在布兰登的案例中,每当一名女性准备好与他发生性关系时,布兰登总是遏制不住对色情作品里情节的意淫,否则他无法享受性爱。

4. 在贝斯的案例中,一发不可收拾的能量电荷促使她在不恰当的时机把爱人逼得太紧,最终失去真爱。

现在我们知道了,这些人感情用事的行为简直就是自找苦

第二章
驾驭能量七步法

吃。莱斯利和上司之间的关系每况愈下，最终丢掉了自己梦寐以求的电视剧女主角的角色；比尔丢了工作，丢掉了在一个知名大公司里的美差；布兰登失去了他喜欢的女人，包括他的"一生挚爱"——凯利；贝斯让所有追求者都落荒而逃，包括肯特，她知道他是自己的真爱。

从以上的案例中，可以得出一个坏消息和一个好消息。坏消息是：这种行为的恶性循环引发了高效力的能量电荷，在关键时刻摧毁理智，最终导致莱斯利、比尔、布兰登和贝斯悲痛欲绝。而好消息是：正是由于这种有害的循环模式有章可循，只要通过客观的自我剖析，他们最终可以识别自身问题，然后采用"驾驭能量七步法"来终止这样的恶性循环。此外，就大多数情况而言，潜在的负面情绪根植于人们的内心深处，除非自发地采取措施进行补救，否则有害的行为将无限重复。因此十有八九，你都会有"丰富的经验"帮你回顾过去错误的行为并且做出积极有效的改变。

让我们拿莱斯利、比尔和贝斯的例子来补充证明如何完成"回顾""反思"和"积极改变"的过程。

如果有"下一次"，莱斯利签订的新工作合约再次使她感到自尊受伤、怒不可遏的情况下，她会立即：

回顾：回忆之前已发生过多次类似的事件——上司的某些举动让她倍感气愤和难过。

反思：承认并了解自己过去因一时冲动造成的不良后果，引以为戒。事后等她冷静下来，她会明白自己本可以考虑得更加理性，做出更加明智的选择。

积极改变：一切向前看。从下一个关键时刻起，她会选择深思熟虑而不是意气用事，为自己今后的财富和梦想负责。这样，莱斯利就再也不会拿工作开玩笑或是与上司为敌了。

当比尔在工作中被别人刺激时，他会立即：

回顾：回忆之前已发生过多次类似的事件——他情绪失控，导致判断力受到影响。

反思：了解过去每当自己被高压负面能量电荷和怒火冲昏了头时，总是置工作和生计于不顾，最终付出了丢工作的代价，还是两次！事后等他冷静下来，他会明白自己本可以将事情处理得更理智，结果也将大相径庭。

积极改变：一切向前看。从下一个关键时刻起，他会选择深思熟虑而不是意气用事，为自己今后的财富和梦想负责。他绝不会再冒砸饭碗的危险乱发脾气、对人恶语相向了。

当贝斯开始和别人约会，却再次感到缺乏安全感和无助时，她会立即：

回顾：想起过去每当她和喜欢的人约会，就会产生一种感情能量电荷使得自己对爱人的占有欲和控制欲增强。

反思：承认并了解在过去类似的情况下，负面情绪带来的能量电荷吞噬了她的判断力和理性思考力，最终导致她喜欢的男人被自己越推越远。这种不良的行为不仅令她心痛不已，还会导致下一段感情中产生更多更强的能量电荷。事后当她冷静下来时，她会明白自己本该更好地克制住感情，给爱人多一点时间和空间。

积极改变：一切向前看。从下一个关键时刻起，她会选择克制自己的情感，给对方多一点自由和空间，让爱情之花开得更持久、更灿烂。

备忘 3：按下你的情感触发器

按下你的情感触发器。这要求你认清自己的优势。让我们来回顾一下丹妮尔在防御式进攻阶段的财富和梦想清单吧！

1. 为她自己和儿子帕特里克提供一个可靠的长久的依靠。
2. 继续待在房地产行业。
3. 不强迫自己从事毫无兴趣的办公室工作。

在防御式进攻阶段，反复思考你认为最有力的财富和梦想。

备忘 4：集合你的未来设想和规划

情感触发器的高效力正能量电荷使自己处于最佳状态，抵消潜在的负能量电荷。前文已经提到过，完成这一目标的方法就是尽可能地发挥优势，为你对未来的人生设想和规划注入能量。

瑞贝卡的故事是对这一方法的最好验证。下面为大家提供一个新例证。

雷患有胃酸反流，无论医生们开出什么药方都无济于事。在与此斗争多年之后，雷的喉咙和食道仍频频发炎，医生们越来越担心他可能患上了家族遗传的喉癌或者食道癌。而最大的问题在于，医生反复警告雷戒酒，但他根本做不到。

如果问我的意见，有很多有用的黄金定律可以适用于雷的人生设想：

1. 我爱我那患有自闭症的 11 岁的女儿卢安妮，她需要我，为了她我得好好活着。

2. 为了我那几个大一点的孩子，我爱他们，我得好好活着。

3. 我爱我的妈妈，她需要我的照顾，为了她我得好好活着。

4. 不能让妈妈经历白发人送黑发人的痛苦。

5. 爸爸、叔叔和爷爷都死于可怕的喉癌，不能步他们的后尘。

6. 要克服酒瘾。

通过自我督促后，雷很快做出了改变。在面临酒精的诱惑时，他知道自己该做怎样的选择。这一点我们会在第六步中做详细说明。

备忘 5：遣散你的负面能量电荷

有效遣散负面能量的方法之一就是了解自己和别人的初衷，并心怀感激之情。

学会理解他人，努力使自己成为恭敬有礼、宽容慈悲、体恤他人、富有爱心的人——有利于遣散负面能量电荷。

回忆一下，你是如何通过负面能量遣散器来完成这一过程的。它要求你在做出人生选择之前：

1. 寻找你内心深处的真爱，并通过你的选择将它体现出来。
2. 学会理解自己和他人，了解自己和别人并将之融会贯通于你的选择中。
3. 打心眼里真诚原谅他人，并在做选择时展现出你的宽容。
4. 常怀恻隐之心。

我们在前文对负面能量处理的讨论中了解到，遣散强大的负面能量电荷的关键在于理解他人并心怀感激，只有这样你才能做到真正的宽容和慈悲。下面我们用实例来论证理解他人对遣散自身负面能量电荷的重要性：

孩童时期的我对父亲特别不满，因为我觉得他根本就不爱我。4岁那年我甚至还为此向他扔过砖头，所幸的是我的瞄准技术特别糟糕。在我成长的过程中，母亲总是伴随左右，而父亲却时常缺席，对此我深感气愤和受伤，我有一种被他抛弃的感觉。母亲很关心我，常常和我聊天，而父亲不会，他很少跟我交流。直到10多岁的时候，我才渐渐开始明白个中原因。

在我出生之后，父母达成协议——母亲在家照顾我，父亲出去赚钱养家。为了挣钱让我生活得更好，接受最好的教育，他每周得上6天班，还经常加夜班。在父亲还是小孩子的时候我的祖父就去世了，所以他从小也没有感受过多少父爱，以至

第二章
驾驭能量七步法

于他不知道如何更好地扮演父亲的角色、如何表达他心底对我的爱意。

当得知并接受这些真相之后,我的负面情绪能量也就烟消云散了。对父亲的怨恨渐渐转为宽容、同情(他孩童时期就失去了父亲)、怜悯、感激和浓浓的爱意。随着这些感情在我心底滋生成长,之前由于心灵受伤产生的负面能量电荷也都随之一去不返了。

此外,了解自己也是非常关键的。只有当你清楚地知道自己受困于什么,你才能更好地做到以下几点:

1. 时刻保持警惕,不让负面情绪侵蚀理智。
2. 集中精力,直面人生中的追求和欲望。
3. 遣散负面情绪产生的能量电荷,不为此丧失判断力。

为了更好地阐述这个道理,我们再次以瑞贝卡和丹妮尔的故事为例。但在讨论她们的"六神无主"之前,我想先跟大家分享一个相关的小实验,这将会对我们学习如何处理"未知和改变"带来的恐惧有所帮助。

我听说若干年前,科学家做了一个实验。他们将小白鼠关进笼子里,并在一半的笼底通上了电,试图探寻在未知带来的恐惧面前,它们会做何反应。小白鼠时不时被电得乱窜和尖叫,在经过多次电击之后,实验人员将笼子中间的门打开,以便小白鼠逃到未通电的区域。结果却出乎意料,竟然没有任何一只小白鼠为躲避电击逃到笼子的另一边。就我们研究的目的而言,至少可以从这个实验中得出两点结论:

1. 未知世界或者改变带来的恐惧战胜了生理上的疼痛。
2. "对未知的恐惧"使小白鼠的大脑出现了一定的损伤,导致它们无法理性地思考和行动。这也许能解释没有一只小白鼠肯逃到笼子的另一边的现象。

在瑞贝卡的案例中,前文已经提到过,她多年来为恐惧心理所困。她没有勇气离开对她又打又骂的丈夫布雷特,也没有勇气逃离自己不幸的婚姻,就像上个实验中的小白鼠一样。瑞贝卡宁愿长期忍受婚姻带来的身心折磨,也不敢解放自己,使自己面对未知的新生活。然而,瑞贝卡最终看清了自己内心深不见底的恐惧感产生的负面能量给她的生活造成了多大的痛苦,明白了在和布雷特的婚姻中继续苟延残喘是一件多么可怕的事。这一步是她打破自我毁灭的人生的重大突破。

在丹妮尔的案例中,也发生了类似的情况——被巨大的恐惧吞噬。房地产经济不景气，积蓄越来越少，还得独自一人挑起养家的重担。父亲不停地催促她找一份稳定的办公室工作，真是雪上加霜。当丹妮尔联系我的时候，她已经完全被恐惧感麻痹，甚至无法理性地思考和选择。直到她最终看清自己追求的究竟是什么以及自己希望变成什么样的人，她才成功地遣散了恐惧感带来的高能量电荷，在关键时刻做出了更明智的人生选择——成了某个制片公司的销售主管。

备忘 6：关键时刻，认清后果

如果你曾一时昏了头，在人生的关键时刻做出了错误的选择，你要做好最坏的打算去迎接最糟糕的后果！

再次以前文提到过的电视主播约翰为例，如果他当初能考虑到那样做的后果，没有武断行事，根本不必自找苦吃：

1. 失去了自己珍爱的辉煌事业。
2. 丢掉了梦寐以求的精彩刺激的工作。
3. 个人和家庭的生活失去了稳定的高收入和保障。
4. 给深爱的妻子和孩子的心灵造成创伤。
5. 余生都将生活在耻辱中。

6. 被指控犯了重罪。

7. 被判罪名成立。

8. 承受身心俱毁的巨大压力，面对一系列灾难性的后果。

9. 锒铛入狱，被判加刑，幸福家庭支离破碎。

我们之前讨论过，如果约翰能够考虑清楚自己一时冲动的举动会付出多么惨痛的代价，他就不会放任愤怒的负面能量冲昏头脑，也不会采取极端的解决方式了。

下面我们通过另一个故事来论证认清后果的重要性：

工作日的时候，每天我都要给无数的人提供建议和忠告。这是一份非常棒的工作，它令我精神愉悦。每当我在路上开车时，我总能接到无数的电话和短信。我是个分秒必争的工作狂，所以每当遇到停车等红灯的空当我都会用车载无线电话给咨询者们回电或者短信。但我心里清楚，在开车过程中使用手机——包括瞥一眼收到的短信——会分散我的注意力，甚至可能发生重大的交通事故。

因此，即便我很看重开车时争分夺秒为客户省下的时间——但一想到分散注意力可能酿成的惨剧，就选择乖乖安全驾车了。下面列举由于驾车时不集中注意力可能导致的后果：

1.我每天早上开车都路过一所小学，有可能撞伤甚至撞死上学的孩子们。

2.撞伤或者撞死他人，并且毁了他（她）的一生（甚至他们的家庭）。

3.因为开车分心引起交通事故（本可以避免），毁了自己的一生。

4.由于自己开车时分散注意力而丧命或者重伤（脑损伤或者瘫痪）。

现在每当我发动汽车，我都会在脑海中想象分心驾驶可能造成的后果。我不会再在行驶过程中翻看车载电脑的电话簿，只有已经将车停泊在安全地带后，我才会查看和回复别人的短信。在我看来，这些明智的选择既是对自己负责，也是对别人的生命负责。

备忘 7：列一个幸运清单

承认、欣赏、从心底里感激你所拥有的好运气能够使事情变得更好，并且能减少你那些有害的、产生负面情绪的能量电荷。

这一点本可以归于备忘 5 之内，但是鉴于感恩之心是遣散负面能量电荷的一把利器,我还是决定把它列为单独的部分着重说明。

你需要深呼吸,仔细体会上帝赐予你的福祉并心存感激。列出一份详细的幸运清单的原因如下:

1. 你能够借此遣散负面能量电荷。

2. 你能够更清楚地了解内心的欲望和人生的追求。

3. 如果你正巧情感受挫、愤怒难过、觉得人生无望,这样做你会好受很多。

以下是幸运清单的模板:

1. 我的身体基本健康。

2. 我的家庭幸福美满。

3. 总的来说,我有一份不错的工作。

4. 我能看见这个世界。

5. 我没得什么大病。

6. 我的人生很精彩。

7. 我爱好广泛:网球、象棋、钓鱼、滑雪、远足、画画、写作。

第二章
驾驭能量七步法

我经常会回忆起多年前的一天,那天的事情我现在还记忆犹新。当时我正在曼哈顿散步,各种各样的事情令我很心烦。正当我自怨自艾、内心不快要爆发的时候,我看到了一个无家可归的盲人睡在冰冷的大街上。在他的旁边有一块硬纸板,上面写着:"我是一个无家可归的盲人,也是一个饥寒交迫的退役老兵。请帮帮我!"

看到这令人极度伤心的现实时,我的心痛了一下。我走到那位老先生的面前,往他的杯子里放了一些钱。当时我想:我还有什么不开心的呢?

当我离开这个看上去很不幸的人时,我一下子就忘记了之前那些令我不开心的小事。跟这个人的遭遇比起来,我的那些事真是不值一提。

备忘 8:扪心自问

在做人生选择之前,先问自己两个问题,并要清楚地知道它们的答案:"这样选择,我真正要实现的是什么?""我真正想要成为哪种人?"

请记住,当菲利普问他自己这些问题的时候,他清晰明确的价值观和情感触发器是:

1. 成为"上帝的子民"并完成上帝交给我的工作。

2. 成为一个慈爱的父亲和丈夫。

3. 做人生选择的时候不要带着愤怒,这样它们才能反映我真正想实现的是什么。

4. 和简一起营造一个温馨有爱的家庭和生活氛围。

5. 以跟我祖父、父亲相反的方式做事,用爱和尊重对待我的孩子们,让他们感觉到被爱和自身的价值,而不是使他们成为暴力、虐待和恫吓的受害者。

6. 摆脱心中的怒火和在我身体里越变越糟的仇恨,在生活中保持一颗平常心。

7. 继续在我的公司里成长,这样我就可以继续为我的家庭提供稳定的经济来源,这种稳定是我的父亲从来没有给过我、我的母亲和我的兄弟姐妹们的。

备忘9:重温你在关键时刻曾做的一切准备

记住你在关键时刻准备做的选择,反复核实你的财富和梦想,同时还要辨明是否有任何新的变量出现并发挥作用,以至于在你做选择时必须把它们考虑进去。在"防止过错"筹备期检查一下你在关键时刻都做好了哪些准备:

第二章
驾驭能量七步法

1.通过"事件设想"的过程回忆那些你在"防止过错"期准备的具体的或概括的人生选择。比如,当我努力减肥的时候,我回忆到当我面对任何形式的增肥食品的诱惑时,我的一个很具体的反应是坚定不移地说:"不,谢谢!"或者,正如我们之前讨论过的,一个更灵活常用的例子是:"下周我不会出去玩的,因为我的作业还没有写完,除非一个特别有趣的人约我出去。在那种情况下,而且也只有在那种情况下我才会破例出去。"

2.从思想上开启你对未来的人生设想和规划,这些设想和规划是你预测到不得不做一个特定的人生选择时准备的。为了更好地说明这一观点,让我们回忆一下我因使用电话导致严重头痛的情况。在做完了脑部核磁共振成像后,我利用情感触发器设计了我所能设计出的最强的对未来的人生设想和规划,这个情感触发器是把手机放在耳边接打电话会导致脑肿瘤。从那之后,只要我无法使用耳机接打电话时,我就会立马在我做出关键时刻的人生选择之前开启我强大的设想和规划。这样做最直接的结果就是,我会延迟满足即刻就接打电话的欲望,因为那样做会对我的健康有所伤害。

3.在你做出人生选择之前,确保你的情感触发器——你的财富和梦想——自从你上次准备、检查和"防止过错"之后没有发生变化。作为对这个备忘的解释,让我们再学习一下丹妮尔的例子。

当我和丹妮尔最开始接触的时候,她最纯粹的财富是:

(1)有能力养活自己和儿子帕特里克。

(2)在房地产行业中能继续拥有立足之地。

(3)不做无聊的办公室工作。

但是,第一次见面后的一周里,我问了丹妮尔,她的一条很重要的财富发生了改变。在有效的自我挖掘工作之后,丹妮尔发现回到广播电视产业做推销员对她来说有着巨大的诱惑力,并很高兴地接受了那份工作。

丹妮尔对其财富评估中的变化可以说明的一点就是,你的财富和梦想可能随着时间的推移而改变,你必须在关键时刻进行设想和规划之前就意识到评估中的这些变化。这样的话,你就能在对未来的设想和规划中合理并充分利用最新的以及最真实的情感触发器。

另外,辨明这些情况对你来说同样至关重要:你在"防止过错"期预测到的那些和你人生选择有关的所有变量真的正如你所预测的那样吗?它们有变化吗?还是它们根本就是不同的?比如,你是一个大学生,平时都在学校里。周三的时候你做了一个坚定的选择,下周末你坚决不和任何人出去玩——除非那个人是布拉德。这样你就可以为考试做准备了。但是,周六傍晚,你父母和你的兄弟姐妹突然来访,给了你一个惊喜。

在这个例子中,一个你没有理由预料到的变量出现了,而且发挥了作用,所以之后你在做其他更进一步关于你怎么度过假期的人生选择时就必须把这个因素考虑进去。某个特定的可预测的人生选择由于新的数据的出现,可能在关键时刻需要修改,这个是一个很好的例子。

关键时刻备忘一览表

备忘1:努力追求清晰的思维。

备忘2:记住并承认过去你做出过相似的不利于人生选择的时刻。

备忘3:找出你最强有力的情感触发器。

备忘4:保存并且增强那些可以引导你做出有价值并且真实的人生选择的能量电荷。

备忘5:消除可能有害的能量电荷。

备忘6:使结果在自己的掌控之内。

备忘7:欣赏、感激你的好运气。

备忘8:问问自己:"通过这个人生选择我真正想实现的是什么?""我真正想要成为哪种人?"

备忘 9：记住你在关键时刻准备要做的选择。反复核实你的财富和梦想，辨明是否有任何新的变量需要成为你人生选择方程式的一部分。

6
轻松做出有价值的选择或决定

∨∨
∨

　　现在是你做出选择或决定的关键时刻了。这是你已经预测到（具体的或抽象的），并且为之做出有效准备的关键时刻，也是可以使你的生活质量有质的飞跃的关键时刻，更是提升你自信心和自我价值的关键时刻。更重要的是，这些良好的感觉，可以帮助你积极地充实和滋养你的内心深处。因此，你将拥有更大的力量去做出越来越多的、有价值的人生选择。

翻阅备忘录

现在我想要和大家分享一个我个人的故事,让大家看看我是如何查看备忘录和实施关键时刻六步法的。

我幸运地拥有一只非常可爱的马尔济斯犬,它的名字叫作花生。当我第一次见到它时,就给它取了这个名字。当时,它从一个房间里出来,跑到我的跟前,不断地亲吻我,我情不自禁地说道:"瞧瞧这个小花生!"看着它那可爱的纽扣形的鼻子,我立刻想到"花生"这个名字实在是太适合它了。我很爱花生,它有着一颗善良的心,它爱着每一个人。

我住在一个住宅区的街角,邻居们的孩子经常在这里玩耍和遛狗。某个傍晚,邻居小艾在这个街道上加速行驶汽车,像参加赛车比赛一样在街角来了一个急转弯,然后猛然停在他家门前。

我观察到了这个极为危险并对生命有潜在威胁的行为,于是走上前去对小艾说:"孩子们喜欢在这个街区玩耍和遛狗,你应

第二章
驾驭能量七步法

该把车开得慢一些。"在我们短暂的交流中，小艾看上去闷闷不乐，似乎有许多被压抑的愤怒。看得出来，我的提议并没有被他接受。但是，考虑到小艾有两个年幼的孩子经常在这个街区玩耍，我以为他会比较容易接受我的提议。

然后，过了两周，太阳西沉，我正牵着花生散步，距我们几步之遥的小艾突然开车急速前行。我朝他大喊让他减速，但他的车窗关着，听不见我的声音。然后我意识到他并没有看见我的小花生，因为它只是一只4个月大的小狗。小艾的车看似只差一两厘米就要撞上花生了。在这个危急的时刻，我猛地把花生拉了回来，让它摆脱了葬身轮下的命运。谢天谢地，我的那一下猛拉没有对花生的颈部或者气管造成伤害。

我绝不是一个有暴力倾向或者喜欢以牙还牙的人，我也并不会被自己的一阵狂怒所支配。但是目睹了小艾差点撞死花生这一幕，我开始怒火中烧，变得怒不可遏！

第一个闪过我大脑的念头就是拿起小艾的儿子遗忘在街道上的棒球棍，把小艾汽车的前挡风玻璃砸个粉碎（当时小艾并没有在车里）。这样的话，等到他下次还想在这个街区加速前行时，就会三思而后行了！光是想着这个情景，就把我给乐坏了（因为我知道我根本不会这么做）。然后，我体内上下翻滚的高能量电荷开始慢慢释放出来了。

173

走出情绪的死胡同

然后我迅速地翻阅我的备忘录：

1. 当我在做出人生选择时，我必须保持头脑清醒。所以，我必须确保当自己被矛盾情绪或者具有潜在危险性的情绪控制时，我不会做出任何选择或者行动。

2. 我必须回想一下最近几次当自己处于愤怒状态时，我是如何行动的。我承认我总是对自己的行为懊悔不已，因为我总是在事后意识到，我原本可以用一种更明智、更有效的方法来处理事情，这样我就能获得更美好、更令人满意的结果。我必须确认我的财富大局观，那就是尽我所能确保小艾不再不负责任地在街区里横冲直撞，威胁我们所有人的生命安全。

3. 我必须增强我的正能量电荷，我确实做到了。我确定了我最强有力的财富和梦想，正如我所想的：

    （1）如果花生自己行走在街区，我希望保证它的安全。

    （2）我希望保证大家的安全。

    （3）我享受以一种明智、渐进和温和的方式做出人生选择。

    （4）正如我现在享受的一样，我是如此重视自己的自由和生命，所以我不想去背负毁坏小艾车子的罪名。

    （5）我如果向小艾发脾气，恰巧我又在撰写这本指导人们如何掌控情绪的书，那该有多愚蠢！

第二章
驾驭能量七步法

（6）如果未来某天小艾撞伤了或者撞死了我的小花生，我将会怒不可遏！

4.我必须释放我的那些潜在的负面能量电荷。我必须了解自己，理解和珍惜其他相关能量电荷的来源。我承认，在我了解自己的过程中，如果我出于生气或者愤怒而做出不好的行为，我会对自己感到失望，我觉得自己还没进化成为一个优秀的人。这会让我对自己产生不好的感觉。我不应该因为别人的不当行为而造成自己的行为偏离轨道。

5.我尽量去试着理解小艾如此行为的原因，我同情和原谅他。我这么做是因为我早就注意到小艾是个不幸福的人。我也确信他这种鲁莽的开车行为并没有想要伤害别人的意思。他可能只是没有注意到罢了，因为他那显而易见的被压抑的愤怒、沮丧和不幸福感增强了他的能量电荷，同时也使他的汽车马力十足。

6.我必须是个后果认知者。我也恰恰就是这样一个人。如果我真的对小艾的汽车犯了什么实质性的错误，我理性地预测到：

（1）我会进监狱。

（2）我会拿我如此享受和珍惜的自由和生命来冒险。

（3）我会对自己极度失望，因为在关键时刻，我让负面能量电荷瓦解了我的理智判断力而做出了不当的行为。

（4）我会失去有关掌控情绪和能量电荷的能力的可信度。

（5）我会大大地让我自己、我的家庭和我的客户蒙羞。

7. 我必须感谢上帝的赐福。我会挪出一段时间来回忆和珍惜我的美好生活。

8. 我必须认同和欣赏自己，并且清楚认识到自己真正想要成为什么样的人。我做到了。我想要小艾所做的就是小心安全地驾驶。我渴望成为一个考虑周到和不断自我完善的个体，这个个体会选择用智慧、理解、尊重和友好来处理事情，而不是愤怒！

9. 我必须使用相关防御式进攻数据，这是我为关键时刻准备的。这包括：

（1）当我全身上下充满由负面情绪产生的能量电荷时，我绝不会做出任何人生选择。

（2）一旦冷静下来，我必须始终努力做出我能力范围内最明智的选择。

（3）我会遇到这种不可避免的情形：当我生气或愤怒时，我要做出一个人生选择，我考虑并使用了为此刻准备的对未来的人生设想和规划。

（4）我确保了我的情感触发器（我最重要的价值观）没有一个发生改变。它们没有改变。我仍旧想要理智地行动，以一种具有建设性和演进的方式处理事情，为大家带来有价值的结果。此外，我确定没有其他

第二章
驾驭能量七步法

新的变量进入我的人生选择方程式。所以，我可以毫无顾虑地继续我对未来的人生设想和规划。

选择时刻

我准备了两个设想：我怒气冲冲地跑向小艾，威胁他，朝他大喊大叫，羞辱他，这样的话，我只会激起小艾的自我防御，他根本不会听我的话；我冷静地走向小艾，找个有效率的方式接近他，然后设法确保花生和其他人的安全不再受到他开车鲁莽的威胁。最终，我确定了自己的计划：

我想象着小艾小心翼翼地行驶在街道上，可爱的花生摇着尾巴，安全地在街道上闲逛。

在查看了关键时刻备忘录之后，我走到小艾跟前，试图让他理解和充分意识到他的鲁莽对这条街上的人们造成了多么可怕的潜在威胁。为了完成这次劝说，我使用了一个情感激发点，我认为这个情感激发点能够和他的情感触发器产生原始的共鸣。我冷静地说："小艾，你刚刚差点撞到我可爱的小宠物。我真没夸张！当你在街道加速前行时，你似乎并不在乎撞伤或者撞死任何人。但是，我知道你其实是在乎的！如果有人开着车在我们的街道上横冲直撞，撞死了你的一个孩子，你会怎么想？"我停顿了一下，

走出情绪的死胡同

让他好好想想这个可怕的画面,然后继续说:"我知道你想马上回到家,和你可爱的家人在一起。但是,下一次我们可能不会这么幸运,可能无法脱离汽车轮胎造成的险境。"

小艾花了一会儿工夫回应道:"真是很抱歉!你是肯,对吧?"

我握了一下小艾的手,回应道:"是的。"

他继续说道:"我很抱歉!我满脑子想着我正在诉讼的一桩可恶的案子!你说得对极了!谢谢你的提醒。"

"我的荣幸。真的,小艾。祝你有个愉快的夜晚!给凯西、达科塔和科克送上我最真挚的祝福。"

"我会的。"

我翻阅备忘录的直接结果就是有效率地确定构思和画面,同时我相信,只要找到小艾的一个情感激发点,就会出现几个积极的结果:

1. 我知道在关键时刻我会有意识地选择以一种思维清晰的方式来行动,这让我感觉良好。

2. 我不会怒气冲冲地行动,激起小艾的自我防御,相反,我能够有效地理智行动。我跟小艾阐明急速驾车的危害,他说他对于急速驾车"真的很抱歉",解释说自己"没有想那么多"。

3. 此后我们每次见面，小艾都很热情，而且他开始小心翼翼地在我们的街区开车了。

如果在关键时刻你能够理智地思考，不受负面情绪的干扰，那么你将会收获许多有益的东西。

重点提示

现在让我们来详细了解一下第六步有哪些内容：

1. 你正面临着一个人生选择要去做。
2. 你希望开启你对未来的人生设想和规划，这些设想和规划是因为某个特别的原因精心挑选和建设的，它们注定会激发并引导你做出有价值且诚实的人生选择。
3. 当你在关键时刻做出了一个有价值且诚实的人生选择之后，你会拥有极大的热情和激情去把握好这个机会，从而提升自己的生活质量，并且使自信心和自我价值得到增强与提高。

好了，现在让我们通过回顾雷的例子来看看对有价值且诚实的人生选择的解释。雷一直承受着慢性胃酸反流的折磨。雷的医生对他的状况表示了强烈的担忧，医生说如果雷不从根本上改变饮食习惯并且把酒戒掉，他患喉癌和食道癌的概率会大大增加——雷的祖父、父亲和叔父都是死于这类疾病。

下面这些是我们创造出来的强有力的对未来的人生设想，这样雷就可以戒酒了：

1. 我愿意用喝酒得到的片刻满足感和一时之乐换取我得癌症风险的显著增加吗？我要重蹈我祖父、父亲和叔父的覆辙？他们的死是那样可怕、那样痛苦、那样没有尊严！更重要的是，我愿意冒无法陪伴我的孩子们、无法在他们需要我的时候出现的风险吗？尤其是卢安妮（我那患有自闭症的女儿），她是那么迫切地需要我！

2. 我希望我的孩子们和我的母亲眼睁睁地看着我被癌症折磨致死？那样的话他们会承受巨大的痛苦！

3. 我希望由于自己意志不坚定而给我的母亲带来无法用语言形容的痛苦吗？如果我的母亲不得不白发人送黑发人，埋葬她的独生子，那她就不得不经历这种痛苦！

4. 我要不要把酒戒掉，然后给自己一个很好的机会去陪伴我深爱的那些人，好好照顾他们，尤其是我可怜的女儿？我要不要积极、健康地活下去，不让我深爱的人们失望？

然后，雷选出了最能激励他的人生设想——他的家庭不得不目睹他的死亡，他可怜的女儿要一个人孤零零地活在这个世上，没有人关心她，没有人照顾她。

我非常激动地告诉大家，有了这个强大的人生设想和规划之后，雷除了前半年有两次没忍住外，在后两年里没有喝过一滴酒！他的咽喉和食道刺痛也基本都消失了。并且，他一直既是一个充满爱意、充满活力的保护者，又是一个关爱母亲的儿子——这就是他最强有力的财富和梦想。

7
我们为什么需要回顾人生

∨∨∨

　　现在关键时刻已经过去了，你也做出了人生选择，最后一步就是客观诚恳地回顾一下你对于这个有价值的选择是否满意。如果回答是肯定的，那你应该心怀感激，庆祝这个结果。但是，如果你觉得你的表现不如预期（某些时刻，我们可能会有这样的感觉），那么我们应该找出差错，并在下次关键时刻来临前纠正这个差错。

第二章
驾驭能量七步法

庆祝日

你一旦成功地完成了对未来的人生设想和规划，做出了有价值的人生选择，就有必要感激和享受这美妙的成就。

这是一个关键的过程。因为你能有效地设想和规划、掌握你的情绪和能量电荷做出一个有价值的人生选择，都是因为拥有令人难以置信的力量。

你的命运掌握在自己的手中，一个又一个选择构成了你梦想的人生，这就是所谓的赋权。掌握你的选择和命运就是赋权，真正地知晓你能够始终如一地完成这些就是赋权。所有这些高度自尊心产生了绝对有力的正能量电荷，你可以把这些能量电荷储存在你的内心深处。所以，当你未来要做出人生选择时，你要设想和规划。你可以依赖这些储存着的能量电荷，结合并增强从财富和梦想那里产生的能量电荷，让负面情绪产生的能量电荷大大减少。

所以，为了给你的内心深处提供源源不断的、强有力的正能量电荷，在做出了有价值的人生选择后，这里还有一些高度有益

走出情绪的死胡同

的行为供你参考：

1. 在你进入这样一种有效的方式之前，你要承认这样一个事实：在你对未来的人生进行设想和规划，然后做出选择时，你不可避免地被引导做出一个人生选择，这个人生选择使你可以实现你的财富增值，并带你靠近梦想。所有美妙的、有意义的事情都应该能够使你精神振奋，让你自豪不已。

2. 庆祝和品味设想和规划，确保它们执行良好。确保人生选择是经过深思熟虑之后做出的。避免遭受负面情绪产生的能量电荷的冲击，因为这会破坏或者延缓你做出最佳的判断。

3. 感觉和享受你的胜利和你的权力！你越感觉和享受你的成就，它们就越会激励和激发你在未来做出越来越多的有价值的人生选择。这是因为，你已经见过并且享受过人生选择的有益结果，在你的内心深处，你感觉到你和你灿烂的未来值得做出有价值的人生选择。

当你承认、庆祝和感觉你做出了一个有价值的人生选择时，你产生了高度正面的赋权感觉。这些感觉会储存在你的内心深处。因此，当你下次设想和规划时，你可以借用这些强大的、正面的感觉来帮助你增强你的正能量电荷，为你的正能量电荷提供源源不断的能量。

为了改善和提高未来关键时刻的人生选择能力，现在让我们来探讨一下如何纠正关键时刻的错误。

犯错

当你正在执行驾驭能量七步法时，你不能忽略以下这些核心概念：

作为人类，我们具有思考、评价、推理、学习、成长、进化和获取万事万物的能力。但是，人孰能无过呢？我们会犯错误，会遭遇挫折。学习如何积极地从失败中站起来是每个人成长的一部分。

下面这些谚语你必须铭记在心：一两滴雨汇集不成洪水；几片雪花形成不了暴雪；几颗卵石激不起泥石流；一两次小失误酿不成大祸！在大部分情况下，明天总是美好的。

不管我们进化得多么完善，不管我们多么天赋异禀，我们永远不可能时时刻刻都把每件事做得完美无瑕。但是，巨大的成功依然可以通过做"正确的"事情来实现。正如我们已经讨论过的，当你最珍视的财富和你最纯洁的梦想岌岌可危时，你应该不受情绪干扰，做出有价值的选择。

关于犯错，当我开始设想和规划时，不管我是多么渴望得到父亲的爱和肯定，我仍偶尔会犯错，会遭遇挫折。我会靠吃蛋糕、饼干和糖果来释放负面感觉和需求。但是，这些事情出现的频率越来越低，所以它们不会成为致命的失误或者变成习惯。由于我的体重越来越轻，我内心深处的能量电荷变得越来越强大。所以，我那偶尔的犯错对我的减肥努力没有主要的影响，我有信心可以积极有效地改变我的人生，我有信心把巨大的正能量电荷注入我的设想和计划中。

顺便提一句，我保持身材几十年了，但每隔一段时间我就无悔地暴饮暴食一番。不过体重一直在我的控制之内！如果我真的发现自己长胖了或者裤子变紧了，我就变成一个积极主动的设想和计划者——体重马上就掉下去了。

所以，你必须有深刻的洞察力和理解力。

如果我准备通过努力获得我的财富，那么在努力的过程中，我会犯些错误。这是不可避免的，因为每个人都会犯错！关键是你要用本书中提及的坚若磐石的掌控情绪基础武装自己。要有执行步骤的能力，你要思索，要有策略。如果你这样做了，错误和失误出现的频率会越来越少，成功更是手到擒来。

对于你那最纯洁、最有力的财富和梦想，你要保持初心，这样失误对你来说便丝毫不重要了。

第二章
驾驭能量七步法

纠错日

正如我们刚刚探讨过的，你的每一个人生选择不可能都达到你的理想指标。在你准备防御式进攻时，在你准备设想和规划时，在你贯彻执行时，偶尔会犯些错误。其实，你不用总是采取与你的有价值的人生选择相一致的行动。因此，在贯彻执行之后的某个时刻，你可以回想一下，纠正你可能犯下的错误或者完善你可以做得更完美的地方。最佳的改正时间是在你摆脱了负面情绪产生的能量电荷后。此时，你能够反思并看清事实真相。你可以用这种方法处理诚实的、畅通无阻的真理。

几年之前的某个周一，我在广播电台上听到一名来自南加利福尼亚大学的足球选手正在谈论球队上周六的足球比赛。那名选手言外之意是周一是全队的纠错日。这意味着选手们和教练组要仔细地研究周六比赛的录像带。他们的目的是：

1. 确定并纠正错误、失误或者他们可以改善的地方，在接下来的比赛中，他们可以用更完善的准备来确保夺得胜利的果实。

2. 确定他们做得好的事情，看看是否可以做得更加完美，让他们能够在未来继续使用这些技术和有利条件。

走出情绪的死胡同
ZOU CHU QING XU DE SI HU TONG

同样重要的是,你要承认、庆祝、品味、享受和感觉你的设想和规划以及人生选择的胜利,以便把这些强大的能量电荷输入到你的内心深处,等到有需要的时候,你就可以利用这些强有力的正能量。同样重要的是,你要诚实地确定和承认你本可以把事情做得更完美或者更有技术含量,所以当你在准备下一次人生选择时,你不用再做相同的准备或者犯下关键时刻的错误。

你要记住,当人们试图掌控情绪时,会偶尔犯错。当你确实犯了一个错误时,或者你本应该把事情做得更加完美时,关键点是:

1. 诚实地放下自己的武装来承认失误。
2. 想象。
3. 当你准备下次的人生选择时,要弄清如何使它更有效率。
4. 试着以后不再犯同样的错误。

作为一个人,你肯定会犯错,会有失误,会遇到挫折。不要被这些事情困扰。我们都会犯错的!你只要学习和实践书中的七步法和策略就行了。

你必须不断地反省和改正你所犯下的错误。这样的话,下次当你设想和规划时,就会准备得更加充分,确保得到和享受一个更有益、更让人满意的结果。

第三章
走出情绪的死胡同

◇ 保养你的"情感触发器"

◇ 关键时刻谨防犯错

◇ 快速设想和快速规划的力量

◇ 情绪词汇备忘录

现在，你似乎可以驾驭你的能量了，你似乎可以在关键时刻很好地"忍住"，你也有能力从你最纯粹的财富和梦想中激发出最强有力的能量，作为你人生前进的助力了。因此，你会获得你的财富和更加靠近你的梦想。

然而，不管你多么机智聪明、天赋异禀，你都要学会对自己已经掌握的知识和技巧进行维护，一如对汽车的定期养护。只有这样，你的知识才能继续转化为技巧，你的技巧才能越来越纯熟，你驾驭的能力才会越来越强，才能保证你的"忍"有质有量。

1
保养你的"情感触发器"

∨∨
∨∨

你要持续挖掘你的财富和梦想,如果有需要的话,你要持续修订你的清单。这样,你总是可以借助、驾驭和传送你的最高值财富和梦想,以便完成你的设想和规划。这样做,可以保证你在一生中的任何领域都能做出有价值的人生选择。

走出情绪的死胡同

在你的一生当中,你必须定期地挖掘和精确地优先发展你的财富和梦想,你需要评估你早前确认并持有的财富和梦想是否仍旧具有资格。抑或,某些你的目标、梦想或者渴望的价值有所改变?

你必须问问自己:"由于时间的流逝或者某些新信息和洞察力的获得,某些目标变得对我更加重要(或者更加不重要)了,所以我对这些目标早前的优先考虑是否也应相对有所改变?"例如,早前我们讨论过一个大学生决定周六日复习功课,不跟任何人出去玩儿。可是,当他的家人周六下午突然来访时,学习变得不再重要。同与亲人一起欢度时光相比,此刻学习的价值并不大,因为他十分思念亲人们。

对你当前的情绪产生的能量电荷的评估至关重要,因为正如我们已经探讨过的,你的财富估值越高,它给你提供的能量电荷就越高。记住,当你设想和规划时,你总是要用尽可能多的、强有力的能量电荷来增大你的设想和规划目标。你那由有价值的人生选择激起的正能量电荷总是要压倒有害的负面能量电荷,以此

第三章
走出情绪的死胡同

使得你在做出人生选择的时候,能够头脑清晰地思考。这就是你能够获得财富和梦想的过程。此外,只要保持你的财富和梦想电流,你就能不断成功,这个相当重要!

下面通过一个故事来阐明这个事实。

几年前,全国知名的瘦身公司中的一家和我取得了联系。公司的经理向我解释说,在大多数的案例中,个人与他们公司签署减肥瘦身的合约是因为,在客户的人生中,某些具体的人或事件(或者潜在的事件)刺激了他们,使他们做出了这个决定。

这个具有催化剂作用的事件可能是一个新年的决心(例如,新的一年,新的自我)、一个新的兴趣、春夏比基尼泳装季节的来临、一场即将到来的婚礼、一份新工作或是即将开始的假期。然后,这名经理和我分享了他们公司的主要难题:"一开始有许多人和我们公司签约,但是四五周后退出率惊人。"他继续对我说:"这些会员通常由于某个原因的刺激开始减肥,但是当他们丢失了这个初始的动机后——这种情况一般出现得很快——我们就失去了和他们的联系。这些人没有能够持之以恒减肥的动力。"这个经理向我寻求建议和帮助,他需要知道他们公司如何做才能够让客户一直保持减肥的初始动机。

尽管我没有和那家公司合作,但我认为这个惊人的退出率是

193

走出情绪的死胡同
ZOU CHU QING XU DE SI HU TONG

因为从他或她的财富里（例如：由于合适的季节到来，想要穿比基尼或者泳装）产生出来的能量电荷，驱使每个人做出了人生选择。

这里有两个需要我们探讨的相关问题：

1. 由财富产生的驱使个人报名减肥的能量电荷是否强大到可以在很长一段时间内使其保持这种正面的人生选择行为？

2. 一旦初始的动机事件或者个人消失了，或者这个事件或个人的影响不再如先前那么强有力，财富能量是否有足够的动力来压倒潜在的由负面情绪引发的能量电荷（这些负面情绪引发的能量电荷最终会导致人们的体重反弹）？

我相信问题1的答案是："这个取决于能量电荷的效能，但有可能也不是。"对于问题2的回答在大多数的情况下是："不能！"初始动机消失或者变得不再那么强有力时，几乎所有的瘦身客户都消耗完了瘦身的能量电荷，自然而然这些客户就会停止减肥，导致体重反弹、公司失去客户。

我要告诉你的好消息是，通过驾驭能量七步法，你可以很好地掌控这两个问题：

第三章
走出情绪的死胡同

1.当你决心要做某事的时候（例如：减肥、守时、戒酒、戒烟等），你正被体内最强大、最有力的能量电荷激励着，这些能量电荷是从你最珍视的财富和梦想那里产生的。因为你的初始能量电荷非常强大，你非常有可能停留在增益人生的轨道上。

2.你会定期挖掘和优先发展你的财富，所以当一个财富变得不再重要、不再强有力、不再令人满意的时候——因此减弱了可利用性——你便会用其他更有价值的财富替代了这个财富，而那个更有价值的财富具有更强的能量电荷。此时，你的情感触发器又产生了最强烈的能量电荷，你的行动受它强大动力的激励和驱动；这些情感触发器激励和引导你继续做出有价值的人生选择。此后，它们与你的人生选择行动一致。所以，如果能保持在一个有价值的轨道上（例如节食或其他项目），对于长期发展来说比较有利。

以上是我的减肥故事，随后激励我的能量电荷的财富变得不那么强大有力，是因为：

1.我开始感觉到父亲的爱、肯定和尊重。
2.我开始穿上我渴望已久的有型有款的衣服。
3.我意识到即使我变得苗条了，黛儿也不可能和我开始一段罗曼史。

走出情绪的死胡同

我能够找到其他财富来补充这些能量电荷或替代它们。我的一些新的财富是：

1. 我想要保持苗条健康，因为我要成为最佳极限网球选手，而我有这个能力。

2. 我想要保持苗条健康，因为我渴望至少成为一名出色的网球选手。

3. 我想要保持苗条健康，因为我喜欢来自其他女孩们的关注。

4. 我喜欢自己看上去气色很好，感觉良好！

5. 我喜欢保持苗条健康，因为我想像我的父亲一样，享受长寿健康和有活力的人生。

6. 我永远也不要做回曾经的那个令人不安的"胖猪"。绝不！绝不！绝对不要！

7. 当我写完这本书后，为了证明驾驭能量七步法的效果，我需要保持苗条健康！

所以，如果你想在剩余的人生里继续做出有价值的人生选择，此后你也和它们行动一致，就必须继续挖掘和评估你的财富，以便把你目前最强有力的资源和执行力投入你的设想和规划中。

2
关键时刻谨防犯错

∨∨
∨

现在我们已经阅读过并理解了"驾驭能量七步法",我设想,你已经能够在关键时刻头脑清晰地思考、推理和评估了。

因此,现在让我们来探讨一下你在关键时刻需要谨防而不犯错的事情,即不管你此前投入了多少人力物力,都要慎重考虑,做出正确的人生选择。

适当自律，延迟满足

斯科特·派克博士在《少有人走的路》中颇有深意地写道："自律是我们解决人生问题的基本工具。没有自律，我们什么都解决不了。"

正如你在本书中所见到的那样，在你试图掌控情绪、获得你真正想要的东西的过程中，自律和适当行为会是你最好的盟友之一。反之，缺少自律可能会成为你失败的最大原因。我们被告知，如果我们把时间和精力投入某个需要花费长时间来成熟的事物上，这是非常不明智的；如果我们把时间和精力投入某个艰辛专注的工作上，这也是非常不明智的；延迟满足也是不明智的。实质上，我们的社会并没有教会我们去学习和实践自律的艺术。

当你正在做出重要的人生选择时，你全身上下充斥着潜在的负面情绪，例如受伤、生气、悲伤、无望、憎恨、嫉妒、自我憎恶、不安全感等。显而易见的是，你可能会做出让你快速感觉良好的

第三章
走出情绪的死胡同

选择，或者仅仅是"稍微好点"的选择，因为它暂时缓解了你的痛楚、填补了心灵的空缺、冷静了"坏"感觉或者满足了欲求。

因此，这些从潜在的负面强烈情绪和欲求中产生的能量电荷多次致使你做出人生选择，而这些人生选择与你最合理明智的判断力，与你长期有益的发展方向是冲突的。所以，这些由潜在的自我毁灭的情绪和它们的能量电荷刺激所做出的鼠目寸光的选择，会延缓或者破坏你获得财富和实现梦想的机会。事后你认真反思一下，你就会意识到你辜负了自己的期待，因为你又一次做出了一个差劲的选择。十有八九，这种精神上和信心上使人泄气的经验和认识会再一次降低你的自尊心和自信心，你的内心中会形成强烈深刻的负面感觉。这些感觉反过来会使你做出更多不利的选择，因为你缺乏高度自我价值感和核心自信的激励感来让你追求更加美好的东西。

作为一个有价值的且诚实的选择者，你要与七步法相一致地适当使用自律和延迟满足，因为这会促使你与情绪和欲望相抗争，而这些情绪欲望会迫使你选择一个非常不利的临时应急法。

走出情绪的死胡同
ZOU CHU QING XU DE SI HU TONG

当你疲倦时，不要做出任何重要的选择

俗话说，"当你饥饿的时候，不要去杂货店，因为你会做出差劲的选择"。这里我们需要注意的引人深思的启示就是，当你清醒的头脑被强大的情绪和欲望所挟持时，请你不要把自己置于一个要做出人生选择的情境。反之，不管何时你要准备做出一个重要的人生选择，最好把自己放在一个非常好的位置，你要摆脱迟钝思维和无效思维的影响。

全世界最有效率的表演者，例如奥运会选手或者最顶尖的职业运动员，他们知道自己该充分休息，当处于竞赛阶段时，他们在精神、身体和情绪上都要保持最佳的状态。他们必须完美地完成任务，所以当真正的比赛来临时，他们要处于极好的状态，在关键时刻有所成就。

当你做出人生选择时，你也要在关键时刻有所成就，这样你就能够始终如一地获得你的财富和实现梦想。这意味着当你在做出至关重要的选择时，你必须始终如一地把智力和情感上的一流水准拿出来给大家瞧瞧。这样做的一个方法就是保持思维清晰敏锐。这要求你能够充分休息，摆脱因少眠、酗酒、摄入咖啡因和承受压力而引起的思维迟钝，从而做出明智的决定。

第三章
走出情绪的死胡同

不要总让自己睡眠不足。能够清晰地思考、推理和评估,这对选择而言是至关重要的。充分休息、头脑清晰、思维敏捷,这些都能够帮助你完成人生选择。我从个人的经验和无数人的经验中得知,当我们处于疲倦状态时,我们的情绪容易被挟持,从而做出错误的选择。所以,你要在休息充分、头脑清晰、可以掌控情绪的情况下,尽你所能做出人生选择。当你感觉疲惫时,当你感觉所有事和所有人的重量都扛在你的肩膀上时,你必须尽量不做任何重要的人生选择。此时你需要的是保持头脑清醒,而不是被潜在负面情绪引起的混乱思维控制。

不要让酒精和药物误了你的事儿。正如我们前面探讨过的那样,你要在头脑绝对清醒的情况下做出选择。你希望自己的情绪受到控制,处理真实的、纯粹的数据。所以,你不要在酒精、消遣性药物或者医用药物的影响下做出人生选择!这是绝对的、纯粹的常识!

如果你面临愤怒的挑战,或者当你喝了咖啡因极度兴奋时,你不要做出人生选择。

不要让压力毁了你。圣诞节的前几天,我和一位著名的刑事案件律师一起乘电梯。在我们的谈话中,他提到他总是在圣诞节、新年、生日或者其他人们承受巨大压力的时期忙得不可开交。他说通常情况下，当人们处于压力的状态下，犯罪、冲动、性虐待和殴打他人的概率会上升。他警告道："当人们因为心理压力而精疲力竭时，他们做出了最坏的选择！"

你要铭记于心的是：压力会阻碍或破坏你的理性思维进程和你的最佳判断力。它同样也会增大由潜在的负面情绪引起的高效能量电荷。所以，当你处于压力增大或者高压力的状态时，你要尽量不做任何重要的人生选择，这是至关重要的。

— 请不要把自己置于失败之中

这本书从你的立场出发，教你做好事前准备，从而做出有益的人生选择。为了完成这个目标，你不能把自己放置于会引导你做出错误人生选择的位置上。这就意味着，你不希望做某些事就要抑制做某些事的欲望，因为这些事会允许那些从自暴自弃的情绪中产生的能量电荷压倒和破坏你在关键时刻做出的最佳的明智判断。

正如我们先前探讨过的，当你正在节食，但又饿得两眼发花时，你不应该进入一家面包店。为什么？因为你明显会选择吃些饼干和糕点来缓解饥饿，把节食的事抛于脑后。另外一个更有说服力的例子是科比·布莱恩特的案件，当时科比被指控性骚扰。这个例子的教训是：如果你是个已婚男士，想对妻子保持忠诚，或者你不想把自己的职业、形象和自由置于危险境地的话，你就不应该邀请一个对你有性吸引力的女人到你的旅馆。因为如果你真的这么做了，你的性欲产生的能量电荷的巨大力量会压倒并瓦解你在关键时刻的长期理性的判断力，并且引导你做出一个自毁前程的人生选择。

俗话说，玩火必自焚。作为一个有价值的人生选择者，你要成为生活的赢家，就不要携带任何火柴或者其他可能点燃火苗摧毁你前程的工具。再一次申明，这是基本常识！

3
快速设想和快速规划的力量

∨ ∨
∨

你的快速设想和快速规划,是你的设想和规划的速记。在引导你做出有价值的人生选择方面,快速设想和快速规划与初始的设想和规划一样,都具有高能量电荷和高效率。

第三章
走出情绪的死胡同

肥胖和脑瘤

也许你还记得,通过反复实验,即使没有肉的刺激,巴甫洛夫实验中的狗也会条件反射地分泌唾液。同样的道理,当你不断成功地做出越来越多的有价值的人生选择,过去那些积极的成果,加上储存在你内心深处日益增长的正面情绪产生的能量电荷,可以使你不用借助一整套防御式进攻模式或者一个全面的设想和规划,也能在未来条件反射地做出有价值的人生选择。在某一时刻,仅仅一个快速设想或者一个快速规划,就可能给你带来理想的结果,即有价值的人生选择。

让我来解释一下。自从我做了一系列成功的人生选择——控制自己不吃引起发胖的东西后,我获得了以下成就:

1. 我变成了一个更优秀的运动员,让我与父亲更加亲近。这使我实现了我最纯粹的财富,那就是获得和感受父亲的爱、肯定和尊重。

2. 我喜欢的女孩觉得和我在一起更加有趣了,因为我的形象变好了,我的自我感觉越来越好,自信心越来越强大。

3.我在网球和极限网球两方面获得了巨大的成功。

4.通过做出有价值的人生选择,我可以掌握积极生活的主动权,开创一个良好的人生。

5.我清楚地感觉和享受到了甜美的人生选择的果实,这是我有效贯彻能量驾驭七步法的直接成果。

久而久之,这些积极的事件激励我自动地选择对我有益的食谱和正确的人生选择,我不用再花大量的时间在我的防御式进攻和设想规划上面。实质上,这些有价值的人生选择几乎变成条件反射性的了。我根本不用怎么思考或者努力就能做出正确的选择,因为以往那些对我有影响的负面能量不再对我起作用。在某一时刻,那负面能量电荷被我新产生的更加强大的正面能量电荷所压制,这些负面的能量电荷对我的影响微乎其微。但是,当能量电荷发生冲突,而我又不想犯错时,我要随时把快速设想和快速规划准备好。

因为我已经设想和规划几十年了,并定期持续地挖掘我的财富和梦想,所以我对于能够最有效地推动情绪按钮的设想和规划了若指掌。例如,每当我想吃高热量食物时,我就会告诉自己,现在不是放弃节食的时间或地点。我做了一个快速设想,即我的速写。我在速写中记下:你还想变回那个让自己憎恶的胖猪,像所有那些堕落的人一样,顶着一个大肚腩吗?我立刻

第三章
走出情绪的死胡同

想起自己小时候坐在沙滩上，数着肚子上一圈一圈令人恶心的肥肉的情景。所以，我的快速设想（胖猪）和我的快速规划（肥肉圈男孩）足够把我拉回到瘦身的正轨上，使我一直做出健康饮食的人生选择。

我的另一个理智、直观的速记例子就是，我决定再也不直接把手机放到我的耳边。为了阻止自己使用一个没有耳机或者没有扬声器功能的手机，我不断地依赖于我的设想和规划。最终，我只需要使用下面的快速设想和快速规划，它们分别是：

我希望患脑瘤和做脑部手术吗？
然后我想象着自己被推进手术室。

最终，我只需要两个字的快速设想：脑瘤。这两个字足矣。
你可能听说过口袋大小的去污棒（例如汰渍），当你处于忙碌的状态时，你可以使用这些去污棒。那么，快速设想和快速规划就是为处于忙碌状态中的你准备的。一旦你在特定领域拥有了所需的超强正能量动力和必备数量的正确的人生选择，并把它们储存在你的内心深处，那么快速设想和快速规划就能被有效利用。快速设想和快速规划可以充当你最及时有效的选择联盟，特别是对于比较重要的决定。

脏话

几年前,汤姆针对他某些无法克服的脾气向我咨询。他总是不合时宜地脱口而出"Fuck"或"Mother-Fucker"等脏话。过去几年里,他的粗俗语言多次使他难堪。工作中,他总是因为使用污秽语言而被记过和谴责。可是这些都不足以迫使他修正问题,直到他遇见了丽莎。

他疯狂地爱上了丽莎。几次约会之后,汤姆意识到了刚刚离异的丽莎憎恶粗俗的语言和行为。他也猜测到如果他在丽莎那几个儿子面前使用粗俗语言的话,她会立即离他而去。所以汤姆怕得要死,他怕自己的情绪或者条件反射控制了他,他担心自己会在丽莎或她的孩子面前脱口而出那些脏话。

在这个案例中,汤姆最纯粹的财富很容易鉴别:和丽莎发展一段稳定的恋情,并尽可能不在丽莎或孩子们面前使用粗俗的语言。

我精心安排的第一步是开发最有效的防御式进攻模式。我确定汤姆有个长期困扰他的难题,那就是经常不自觉地让粗话脱口而出,而他想要快速终止这种行为。

未来某天汤姆可能又会让脏话脱口而出,而他也预见了所有的可能性。我们帮他研究对策,找到可以替代脏话的具有宣泄效果的其他词语。相信我,这是一场非常精彩的讨论!我们得出结

第三章
走出情绪的死胡同

论,即使是"该死的"这样的词语对于丽莎和孩子们来说也太过粗鲁了。因此,我们最终决定他最初可以使用以下两个词语来达到宣泄的满足:"Faconnable"(某个衬衫制造商)替代"Fuck","Mother-father"(母亲—父亲)替代"Mother-Fucker"。但是,我们的终极目标是帮助汤姆彻底除去使用这些词语来表达沮丧和愤怒的需要。

然后我们做了设想和规划。汤姆这样构思这个问题:"我那么爱她。在我表达沮丧或者愤怒之前,是否想要停下来思考一下,我所说的话是否会让我失去丽莎?抑或,我是否继续放肆地表达自我,然后冒着永远失去丽莎的巨大风险,让自己重新变回从前那个可悲的、孤独的、闷闷不乐的可怜虫?"

汤姆的答案是:"我绝对不能在丽莎和她的孩子们面前使用任何有问题的话语。"

然后我们设想了可能令人厌恶的场景,即汤姆面对愤怒、沮丧或受伤情境的反应,他有可能会不假思索地脱口而出一些污秽的话语。最可怕的结果就是丽莎永远离开他!这个设想使得汤姆直打寒战。事实上,这个设想深刻地影响了汤姆,在我们谈话的过程中,汤姆告诉我他已经决定放弃使用任何有问题的词语或者宣泄情绪的替代词,他想要完全改掉这个坏习惯!俗话说"爱能征服一切"。在汤姆的案例中,他最强有力的财富使他完全战胜了自己！他对丽莎深深的爱、他对他们一起幸福度过未来的极度向往，产生了如此强大的能量电荷，使他要把坏习惯彻底扼杀。汤姆有可能得通过6个多月的技能训练消除使用粗俗语言的习惯。在这段时期的后4个月中，汤姆只要感到情绪上来了，即使这种情绪只有引起语言失误的微小可能，他也要借助一下快速设想和快速规划：

快速设想：不能失去丽莎！

快速规划：逼真地想象：第一，丽莎非常漂亮，性格开朗、笑容温暖；第二，如果我在丽莎和她的孩子们面前说了什么粗俗的话，丽莎会永远离开我。

干得好，汤姆！

糖尿病

这是最后一个例子。

我的一个老朋友汉克，他被医生告知，如果他不能显著改善他的饮食，并且减去体重，他就不能够控制糖尿病。他父亲因为这种病死得比较早。

第三章
走出情绪的死胡同

在和我商讨和开发了他对未来的设想和规划后,我们很快设计出了他的快速规划——一张和谐美丽的全家福照片。他的快速设想是:糖尿病是致命的!

我们齐心协力合作的头6个星期,由于有这些强有力的工具的帮助,汉克几乎掉了30斤肉。他感谢我帮助他达成目标,他说他永远不会再把自己置于危险的境地中!

为了响应汉克的自信宣言,我说:"这次,我真的希望你能够保持在健康的饮食轨道上继续前进。"强调"这次",是因为我认识汉克多年,像很多人一样,他也曾甩掉许多斤肥肉,但是几周之后,他又会遭遇情绪挫败,体重反弹。但是,这次真的不一样,因为汉克将会被他最强有力的情感触发器所激励——他狂热地渴望和他的家人一起生活下去,而不是像他的父亲那样早早死于糖尿病。

但是,如果他因为自己的设想和规划以及他的快速设想和快速规划而失去了某些强有力的能量,那么他确实有可能在某些重要的时间段里放弃节食,然后他要寻找一些新的财富和梦想来替代那些不再产生最强有力的能量电荷的财富和梦想。这样的话,作为做出终身健康饮食选择的直接结果,汉克可以享受一种健康长寿、远离糖尿病危害的生活。

4
情绪词汇备忘录

把这些词条记得越熟,你的"忍术"修炼就越轻松。

第三章
走出情绪的死胡同

由情绪引发的有害行为模式：当你内心深处的某些情绪产生的效力强大的能量电荷致使你重复类似的伤害自己的人生选择或者举动时，这种重复的、类似的选择和举动即为由情绪引发的有害的行为模式。

能量电荷：促使你做出某种人生选择的情感、冲动、欲望、强制力等因素所产生的能量。

情感触发器：引起你内心强烈情感共鸣的人、事、物以及想法。它们能触发你内心强烈的能量电荷。只有将情感触发器融入你对未来的设想和规划之中，你才拥有足够的力量消除潜在的负面情绪的影响，在做人生选择时不受其干扰。

事件设想：设想当你做出特定的人生选择或者做出某个特定举动时的情景，将这种设想存储在脑海中，在关键时刻将其加以利用的过程。

未来人生设想：未来设想与规划的两个组成部分之一。对特定的人、事、物以及结果的设想能够引发你内心深处的高效能量电荷，这些能量电荷将激励你在关键时刻做出有价值的人生选择。

213

未来人生规划：在做出人生选择之前对未来生活的理性规划与设想过程，这种规划将引导你做出有价值的人生选择。

未来设想与规划：助你做出有价值的人生选择的工具，由一种或多种人生设想、一种或多种人生规划组成。

抽象预测：预测你在处于防御式进攻阶段准备做出具体的人生选择时会受到哪些你并不熟悉的人、事、物的影响的过程。因此，你必须根据关键时刻面临的情况和信息灵活地规划和选择。

内心深处：位于你内心的一个神秘之地。把它想象成你的心灵、灵魂和精神的结合体。你的内心深处能够神奇地吸收你对外界的感知和认识；你所感知到的情感积极与否决定了你对自己以及相关的人、事、物的看法是积极还是消极的。一般情况下，你内心深处吸收到的东西总会以某种形式表达出来。

如果你内心深处储存着大量积极、高效的能量电荷，学会将这些激励人心的高效能量疏导至你对未来的设想和规划之中，你在关键时刻就能在这些能量电荷的牵引下做出有价值的人生选择。

防御式进攻模式：助你在关键时刻来临前做好充足的准备并提前做出人生选择，让你在关键时刻到来时能应对自如的4个步骤。

快速规划：充满能量电荷的未来规划的缩略版。某些时刻，快速规划能在较短的时间内使你运用较少的精力产生跟完整的未来规划一样强效的能量电荷。

快速设想：充满能量电荷的未来设想的缩略版。某些时刻，快速设想能在较短的时间内使你运用较少的精力产生与完整的未来设想一样强效的能量电荷。

具体预测：产生于防御式进攻模式准备阶段。当你对未来的某个人生选择中可能涉及的人、事、物有充分的了解后，在关键时刻你就能有效地做出有价值的人生选择。

负能量电荷遣散法：专为遣散已经致使或者将会致使你做出错误人生选择的潜在负面能量电荷而设计出的方法。

一般强度的负能量电荷遣散法与驾驭能量七步法相结合能遣散你在即将做出人生选择时体内所产生的负能量电荷。超强负能量电荷遣散法适用于极其强烈的情感。这些情感可能在你内心深处郁积已久，也可能根深蒂固。因这两种能量电荷异常顽固，我建议你寻求心理咨询师和治疗师的帮助。超强负能量电荷遣散法在防御式进攻模式阶段使用效果最好。因为此阶段你有充足的时间进行自我探索，去克服高强度的能量电荷引发的问题。